城市规划专业实习手册

上海同济城市规划设计研究院　编著

中国建筑工业出版社

图书在版编目（CIP）数据

城市规划专业实习手册／上海同济城市规划设计研究院编著．—北京：中国建筑工业出版社，2010.5
ISBN 978-7-112-12053-6

Ⅰ.①城… Ⅱ.①上… Ⅲ.①城市规划－实习－手册 Ⅳ.①TU984-45

中国版本图书馆CIP数据核字（2010）第073428号

责任编辑：徐　冉
责任设计：李志立
责任校对：赵　颖

城市规划专业实习手册
上海同济城市规划设计研究院　编著
王　颖　主编
*
中国建筑工业出版社出版、发行（北京西郊百万庄）
各地新华书店、建筑书店经销
北京嘉泰利德公司制版
廊坊市海涛印刷有限公司印刷
*
开本：787×960毫米　1/16　印张：12　字数：300千字
2010年8月第一版　2016年1月第二次印刷
定价：42.00元
ISBN 978-7-112-12053-6
（19302）

主　　编：王　颖

参编人员：张　瑜　刘婷婷　封海波　郁海文　程相炜
　　　　　杨笑予　付丽娜　彭军庆　潘　鑫

前　言

城市规划专业实习是城市规划专业的主要实践教学环节，是大学生提高专业实践能力的重要方式，专业实习对于以后在校大学生走上专业工作岗位具有重要的铺垫意义。结合大学期间城市规划专业实习面临的一些问题，本书就如何为专业实习作必要准备，如何适应专业实习的要求，以及专业实践前期需要掌握哪些必要的基础知识和技能等方面进行了探讨和说明。

本书从实习准备开始，重点介绍了不同类型项目的实习要点，并列举了城市规划实习期间常用的设计规范知识点，结合以上内容对职业实践案例和快题进行深入浅出的评析，尽可能全面、周详地涵盖实习的主要内容。

由于城市规划专业涉及面广，本书难免有错漏之处，敬请读者指正。

参加本书的编著者多是在上海同济城市规划设计研究院工作的项目负责人，有丰富的实习指导经验，从而能保证本书具有较高的实用性和参考价值。

同时，特别要感谢上海同济城市规划设计研究院周俭院长、夏南凯副院长对本书给予的支持与帮助；感谢周玉斌副院长的支持，为本书提供了2008年上海同济城市规划设计研究院入院快题考试的试卷资料，为本书第5章应聘快题试卷评析提供了第一手素材；感谢王新哲、匡晓明、张力、付岩、肖志抡等同事提供了多个项目的案例资料。感谢中国建筑工业出版社吕小勇编辑在本书成书的全过程中，给予的督促和协助。

城市规划专业实习手册编写组

主编　王颖

2009年7月

目　录

第 1 章
由在校学生向职业规划师的角色转变

1.1 从哪里开始

城市规划专业实习是规划专业学生从实践中掌握专业技能的一次机会，是将在校内所学的专业技术知识与社会生产实践相结合的首次演练，也是对自身专业能力的一次综合实践。专业实习既可以检验实习生的专业实力和综合素质，又可以作为毕业以后走出校门参加工作的一个预演，因此，专业实习是学生毕业就业前的一个重要准备环节，学生应把握好每次实习的机会，认真对待每次实习锻炼。那么实习前需要进行哪些方面的准备呢？概括说来，分成两个方面，即技能准备与心理准备。

1.1.1 技能准备

技能准备包括专业知识的掌握和相关软件的熟练运用。

专业知识也就是城市规划专业的一些规范及相关知识，比如在一个详细规划项目中，住宅的间距如何确定，绿地率如何计算等，这些都属于设计实践中需要经常用到的基本专业知识，这些专业知识是进行专业实习的知识基础。因此，同学们在学校学习过程中应重视专业知识的学习和掌握。

专业实习需要用到的相关软件主要包括基础软件和规划专业常用的专业性软件。基础软件即 Windows 和 Office 操作软件，包括 Word、Excel、PowerPoint 这类各专业都应该熟练掌握的软件。实习可能用到的专业性软件一般有 AUTOCAD、PHOTOSHOP、湘源控制性详细规划 CAD 软件、SKETCHUP、3dsMax、GIS。其中 AUTOCAD 和 PHOTOSHOP 是两种最为基础的专业性软件，应达到熟练操作的程度。而 SKETCHUP 作为一种简便快捷并且容易掌握的建模软件也有必要掌握。3dsMax 就更为专业了，有精力的同学可以考虑掌握。GIS 是近来一段时间兴起的地理分析系统软件，对于规划用地形、地势的分析更为直观。

1.1.2 心理准备

实习单位环境相对大学校园存在明显差异，人际互动上也有别于学校的师生关系。

同学们长期生活在学校，所处的环境与实习单位有很大的区别，因此在从学校到实习单位的过程中，需要进行一定的自我调试，以较好地适应实习单位的工作环境。在专业实习过程中应注意与有经验的设计人员多接触、多沟通，以了解设计人员分析问题和解决问题的思路和方法，缩短由于环境转变所造成的思维方式和工作方式上的偏差，提高专业实践的沟通和合作能力。

实习作为一种接触社会的实践演练，从心理上和行为方式上做好准备是非常必要的。不管自身的技能如何，实习过程中都应该保持谦虚、认真的工作态度。

（1）在实习过程中应注意的内容

1）在实习过程中，如果自身的知识和能力准备和负责人的要求有一段距离，要事先说明，不能因为怕丢脸而硬撑，不及时说明会给实习者个人造成更大困扰，造成时间和精力上的浪费。

2）大多数同学在认识性实习之前都没有接触过实际的规划项目，所以对于项目中成果的要求和制图规范会很陌生，这个时候要认真记录负责人交代下来的任务，建议同学们在负责人布置好任务之后，按照自己的理解跟负责人确认一下要求，这样可以保证你的理解是正确的，不会做无用功。

3）有必要准备一本实习日记。按照时间记录下每天的实习内容和项目负责人教授的工作方法，其中包括对项目上的说明和一些软件的应用。这样实习结束以后翻看一下，会形成自己初期的工作方法。

4）合理运用自身长处。有些同学的手绘或者是小尺度方案的设计能力比较出众，应在面试时与实习单位老师沟通，并带好自己认为满意的作品。这样设计单位会根据同学的长处配合具体项目合理安排工作内容。

5）设计单位的工作气氛和学校氛围是有所不同的，境外事务所、规划院以及设计公司的工作感受也不同。因此，有必要针对自己所在的环境适时、适当地调整自己。

6）"好的开始是成功的一半"。不管实习的单位会不会成为将来的就业工作单位，踏实、认真地对待工作，谦虚友好地和同事相处，对于个人的能力发展和职业生涯也是有很大帮助的。

（2）认识性实习与生产性实习的区别

规划专业的学生实习一般分为两种。一种为认识性实习，即通过对实际项目的接触加深对规划专业的理解，完善对各层面规划的认识。对于学制为五年制的学生来说，这类实习基本安排在三年级。另外一种为生产性实习，即通过对实习目标单位的选择，参与规划实践了解就业方向，为确定就业单位提供基础，这类实习一般安排在四年级或五年级。

一般情况下，在认识性实习的时候，同学的想法相对单纯，多数只是抱着学习的心态，同时实习单位对于这类实习同学的要求相对不是很高性，所以在认识实习的时候，大家可能更容易找到设计单位进行实习。相对而言，生产性实习则更为实际一些，有的同学可能会从各方面角度考虑去找更适合自己的设计单位。

1.1.3　面试准备

1）礼仪方面：除了面试时的通用礼仪，比如准时赴约、注意交谈礼仪、注意待人接物礼仪等，另外要准备好自己的简历及相关证件，也可以带上证明在学校期间取得成绩的相关证书。

2）专业方面：面试的主要目的是对应聘实习生的基本情况有大致的了解，通过面试了解实习生对于专业知识的掌握情况，以及对于一些相关软件的运用情况。有些单位面试的时候会要求快速设计的考试，时间长度不等。另外，鉴于规划专业的一般课程作业都是由浅到深，每个学期都会有几次完整的作业内容，最好保存好作业原稿，如果拿不到原稿可以扫描成电子文件打印并且装订成册，形成一本完整的大学作业合辑。对于规划专业的同学来讲，这样一份作业合辑就是最好的个人简历。

1.1.4 生活准备

如果实习单位与所在学校在一个城市，那么各方面的问题都相对容易解决。如果实习单位和所在学校不在一个城市，那么在实习之前要做以下生活方面的准备工作。

首要解决的就是住宿的问题，建议住宿地点最好选择在实习单位附近。可以提前联系以前的同学或者实习所在城市的亲朋好友，咨询并确定。

其次，实习结束时如果遇到节假时间，也就是客运高峰时间段，返程（返校或回家）车票要尽早预订，以保证按时返校。

还需要说明的就是生活费用，根据不同情况，实习单位可能给予一定的实习补贴（也可能没有），最好事先了解明确，以便同学根据不同城市的消费水平衡量实习期间的生活费用，根据需要准备部分生活费用。

1.2 实习单位的选择

1.2.1 实习单位分类

实习选择的单位类型有设计院、设计公司、设计事务所等，其中设计公司又分为规划设计公司、景观设计公司等，因此找到和自己专业相匹配并且适合自己的实习单位是首先要完成的事情（表 1-1）。

规划设计单位分类说明　　表 1–1

<table>
<tr><th colspan="2">类别</th><th>举例</th><th>主要项目类型</th><th>技能要求</th></tr>
<tr><td rowspan="2">国有企业性质的规划设计院</td><td>跨地域性的规划院</td><td>中国城市规划设计研究院
上海同济城市规划设计研究院
北京清华大学城市规划设计研究院
……</td><td>项目类型多样，项目地点分布广泛</td><td>较强专业技能</td></tr>
<tr><td>地方性的规划院</td><td>四川省城市规划设计研究院
青岛市城市规划设计研究院
大连市城市规划设计研究院
……</td><td>项目类型比较多样，项目地点主要集中在设计单位所在的省域或市域范围</td><td>较强专业技能</td></tr>
<tr><td colspan="2">民营的规划设计公司</td><td>深圳城市空间规划设计有限公司
上海禾木城市规划设计有限公司
……</td><td>资质允许范围内的各类规划项目</td><td>较强专业技能
有时会要求一定的景观设计或建筑设计基础</td></tr>
</table>

续表

类别	举例	主要项目类型	技能要求
境外事务所	德国GMP设计集团 美国RTKL设计事务所 英国ATKINS设计事务所 大都会建筑事务所 澳洲伍兹贝格设计集团 ……	资质允许范围内的各类规划项目，除了详规类项目，有时还包括景观类项目和建筑设计项目	较强专业技能 有时会要求一定的景观设计或建筑设计基础 对外语要求较高

1.2.2 城市规划编制单位的分级

城市规划编制单位资质分为甲、乙、丙三级。

（1）甲级城市规划编制单位标准

1）具备承担各种城市规划编制任务的能力；

2）具有高级技术职称的人员占全部专业技术人员的比例不低于20%，其中高级城市规划师不少于4人，具有其他专业高级技术职称的不少于4人（建筑、道路交通、给排水专业各不少于1人）；具有中级技术职称的城市规划专业人员不少于8人，其他专业（建筑、道路交通、园林绿化、给排水、电力、通信、燃气、环保等）的人员不少于15人；

3）达到国务院城市规划行政主管部门规定的技术装备及应用水平考核标准；

4）有健全的技术、质量、经营、财务管理制度并得到有效执行；

5）注册资金不少于80万元；

6）有固定的工作场所，人均建筑面积不少于10m^2。

甲级城市规划编制单位承担城市规划编制任务的范围不受限制。

（2）乙级城市规划编制单位资质标准

1）具备相应的承担城市规划编制任务的能力；

2）具有高级技术职称的人员占全部专业技术人员的比例不低于15%，其中高级城市规划师不少于2人，高级建筑师不少于1人，高级工程师不少于1人；具有中级技术职称的城市规划专业人员不少于5人，其他专业（建筑、道路交通、园林绿化、给排水、电力、通信、燃气、环保等）人员不少于10人；

3）达到省、自治区、直辖市城市规划行政主管部门规定的技术装备及应用水平考核标准；

4）有健全的技术、质量、经营、财务、管理制度并得到有效执行；

5）注册资金不少于50万元；

6）有固定工作场所，人均建筑面积不少于10 m^2。

乙级城市规划编制单位可以在全国承担下列任务：

1）20万人口以下城市总体规划和各种专项规划的编制（含修订或者调整）；

2）详细规划的编制；

3）研究拟定大型工程项目规划选址意见书。

（3）丙级城市规划编制单位资质标准

1）具备相应的承担城市规划编制任务的能力；

2）专业技术人员不少于20人，其中城市规划师不少于2人，建筑、道路交通、园林绿化、给排水等专业具有中级技术职称的人员不少于5人；

3）有健全的技术、质量、财务、行政管理制度并得到有效执行；

4）达到省、自治区、直辖市人民政府城市规划行政主管部门规定的技术装备及应用水平考核标准；

5）注册资金不少于20万元；

6）有固定的工作场所，人均建筑面积不少于10 m^2。

丙级城市规划编制单位可以在本省、自治区、直辖市承担下列任务；

1）建制镇总体规划编制和修订；

2）20万人口以下城市的详细规划的编制；

3）20万人口以下城市的各种专项规划的编制；

4）中、小型建设工程项目规划选址的可行性研究。

1.2.3 自我专业定位

实习生应根据各类规划项目的不同特点，清楚分析并且认清自身的专业发展定位和特长，从而确定实习单位以及参加实习的规划项目，发挥专业所长。一般来说，城市规划专业的在读本科生，可以参与各类规划项目，其他相关专业也可以根据专业特长参与不同类型的项目。

1）经济地理专业的学生可以考虑参与战略规划、总体规划类项目。

2）建筑学专业的学生可以考虑参与详细规划、城市设计类项目。

3）景观设计专业的学生可以考虑参与景观设计类项目和详细规划项目中的景观设计内容。

4）道路、市政等专业的学生可以考虑参与总体规划或详细规划中的道路或市政专项设计内容。

1.3 目标实习单位申请流程及注意事项

（1）一般申请流程（图1-1）

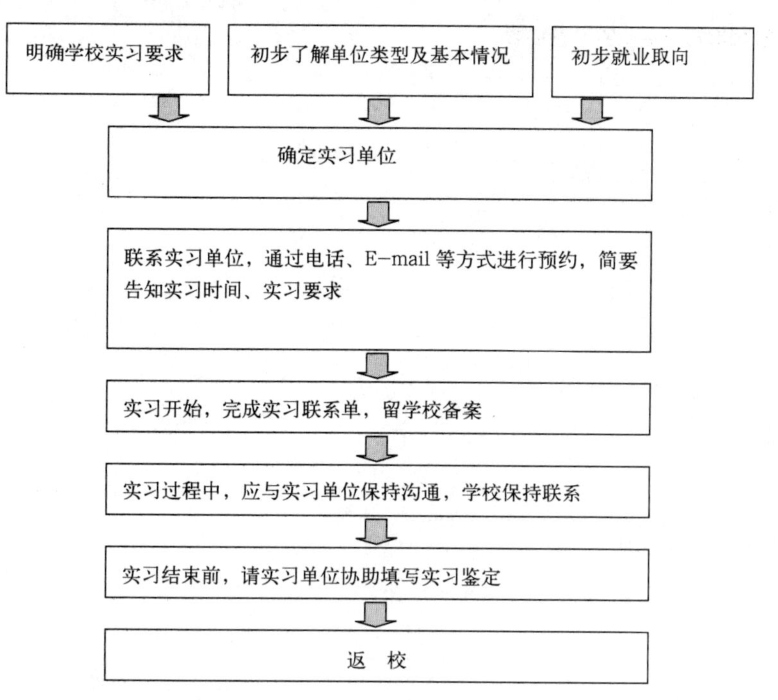

图 1-1　实习流程示意图

实习前期的重点是选择和确定适合的实习单位，可以通过网络查询目标单位的具体情况，也可以通过朋友或同学咨询了解情况。

撰写专业实习报告是对专业实习工作的总结，学生在专业实习期间应及时把收集到的资料及学习心得全面、明确地记录下来，作为撰写专业实习报告的素材。专业实习报告应力求文字通顺、简练，应充分利用图纸和表格表达。

专业实习报告内容应围绕专业设计的有关内容深入系统地进行归纳整理，既要有收集到的实际资料，也应有自己的实习心得。

（2）专业实习报告的主要内容

1）专业实习过程的介绍；

2）对设计单位参观、座谈交流的总结；

3）具体参与方案设计的设计日记；

4）总结专业实习，找出自己前期学习的不足和今后努力的方向。

（3）注意事项

1）掌握信息，确定实习单位；

2）提早计划、提早联系；

3）事先告知实习单位学校对于此次实习的要求；

4）在实习过程中应遵守实习单位各项规定。

附表：某高校城市规划专业实习鉴定表

<table>
<tr><td>姓名</td><td></td><td>院系</td><td></td><td>专业</td><td></td><td>年级、班级</td><td></td></tr>
<tr><td colspan="2">实习起止时间</td><td colspan="2"></td><td colspan="2">实习单位</td><td colspan="2"></td></tr>
<tr><td colspan="8">实习单位具体指导人意见：

单位：（盖章）
年　月　日</td></tr>
<tr><td colspan="8">学校带队教师或辅导员意见：

单位：（盖章）
年　月　日</td></tr>
<tr><td colspan="2">（主任）意见院（系）教学院长</td><td colspan="6">

院（系）教学院长（主任）签名、盖章：
年　月　日</td></tr>
<tr><td colspan="8">教务处意见：

教务处处长签名、盖章：
年　月　日</td></tr>
</table>

第 2 章

规划设计单位的主要业务内容及实习要点

2.1 综述

城市规划设计单位一般的业务包括城镇体系规划、总体规划、控制性详细规划和修建性详细规划等法定的城市规划项目，同时也有诸如战略规划、概念规划、结构规划、城市设计等非法定的城市规划项目，对于城市规划专业的实习生来说，首先应该了解的是几项法定规划的基本内容和工作程序。

2.2 城镇体系规划

2.2.1 城镇体系规划概述和成果要求

(1) 城镇体系规划概述

城镇体系规划是我国目前城市规划法定的规划体系中等级最高的规划。城镇体系规划是关于一定区域内城镇发展与布局的规划，为政府引导区域城镇发展提供宏观调控的依据和手段。它的主要任务是：综合评价城镇发展条件；制订区域城镇发展战略；预测区域人口增长和城市化水平；拟定各相关城镇的发展方向与规模；协调城镇发展与产业配置的空间关系；统筹安排区域基础设施和社会设施；引导和控制区域城镇的合理发展与布局；指导各城镇总体规划的编制。

城镇体系规划一般分为全国城镇体系规划、省域（或自治区域）城镇体系规划、市域（包括直辖市、市和有中心城市依托的地区、自治州、盟域）城镇体系规划、县域（包括县、自治县、旗域）城镇体系规划四个基本层次。城镇体系规划的期限一般为 20 年。

(2) 城镇体系规划的主要成果要求

城镇体系规划的成果包括城镇体系规划文件和主要图纸。

1) 城镇体系规划文件包括规划文本和附件。

规划文本是对规划的目标、原则和内容提出规定性和指导性要求的文件。

附件是对规划文本的具体解释，包括说明书、专题规划报告和基础资料汇编。

2) 城镇体系规划主要图纸包括：

①城镇现状建设和发展条件综合评价图；

②城镇体系规划图（一般包括城镇空间结构规划图、城镇等级规模结构规划图和城镇职能结构规划图）；

③区域综合交通规划图；

④区域社会及工程基础设施配置图。

图纸比例：全国用 1：250 万，省域用 1：100 万～1：50 万，市域、县域用 1：50 万～1：10 万。重点地区城镇发展规划示意图用 1：5 万～1：1 万。

2.2.2 城镇体系规划的工作内容和工作程序

（1）城镇体系规划的主要内容

城镇体系规划一般应当包括下列内容：

1）综合评价区域与城市的发展和开发建设条件；

2）预测区域人口增长，确定城市化目标；

3）确定本区域的城镇发展战略，划分城市经济区；

4）提出城镇体系的功能结构和城镇分工；

5）确定城镇体系的等级和规模结构；

6）确定城镇体系的空间布局；

7）统筹安排区域基础设施、社会设施；

8）确定保护区域生态环境、自然和人文景观以及历史文化遗产的原则和措施；

9）确定各时期重点发展的城镇，提出近期重点发展城镇的规划建议；

10）提出实施规划的政策和措施。

（2）城镇体系规划的工作程序

城镇体系规划的主要工作程序及其内部联系具体说明如下：

1）基础条件分析

只有对城镇体系存在和发展的基础有了透彻的理解，才能提出正确的规划指导思想，建立正确的规划目标，采取适当的发展战略，选择符合实际的空间模式。

基础条件分析主要有以下三个方面的内容：

①城镇体系发展的历史背景。主要内容是分析该区域历史时期的分布格局和演变规律，揭示区域城镇发展的历史阶段及导致每个阶段城镇兴衰的主要因素，特别要重视历史上区域中心城市的转移、变迁。

②城镇体系的区域基础。目的是分析区域经济和城镇发展的有利条件和限制因素。

③城镇体系发展的经济基础。一般要求深入分析各产业部门的现状，找出现状特点和存在问题，并通过对进一步发展条件的分析、方案比较，指出主要产业部门发展方向，最后具体落实到每个城镇。

2）城镇化和城镇体系结构

按工作的基本内容，可以分成以下几部分：

①人口和城镇水平预测。城镇体系规划主要考虑区内建制镇及其以上等级的居民点的合理发展，适当考虑与集镇的关系。因此，在规划期内，区域人口规模、城镇人口规模以及城镇化水平的预测是城镇体系规划首先要回答的问题。城镇化水平的预测应该从农业人口向城镇人口转移的可能性和城镇对农业人口可能的吸收能力两个侧面进行预测和互校。

②城镇体系的等级规模结构。应根据一段时间以来，各城镇人口规模的变动趋势和相对地位的变化，预测今后的动态；分析现状城镇规模分布的特点；结合城镇的人口

现状、发展条件评价和职能的变化，对各个城镇作出规模预测，制定城镇体系的等级规模序列，规划确定较为合理的城镇等级规模结构。

③城镇体系的职能结构。一个体系中的城镇有不同的规模和增长趋势。城镇职能结构规划首先要建立在现状城镇职能分析的基础上。通常情况下，收集的区域内各个城镇经济结构的统计资料，通过定量和定性相结合的分析，不难明确各城镇之间职能的相似性和差异性，实现城镇职能分类。越是大型的城镇体系，越需要定量技术的支持。

现状的城镇职能和职能结构不一定是完全合理的。长期以来，中国许多城市存在着重复建设、职能性质雷同、主导部门不明显、普遍向综合性方向发展的趋势。因此在城镇体系职能结构规划中要重视对城镇现状职能的分析，肯定其中合理的部分，寻找其中不合理的部分，然后制定出有分工、有合作，符合比较优势原则，充分建立各自区位优势的专业化与综合发展有机结合的新的职能结构。

最后，对重点城镇还应该具体确定它们的规划性质，其表述不宜过于简单抽象，力求把它们的主要职能特征准确表达出来，使城市总体规划的编制有所依据。

④城镇体系的空间结构。这项工作主要包括：a）分析区域城镇现状空间网络的主要特点和城市分布的控制性因素；b）进行区域城镇发展条件的综合评价，以揭示地域结构的地理基础；c）设计区域不同等级的城镇发展轴线（或称发展走廊）；d）综合各城镇在职能、规模和网络结构中的分工和地位，对今后的发展对策实行归类，为未来生产力布局提供参考；e）根据城镇间和城乡间相互作用的特点，划分区域内的城市经济区，充分发挥中心城市的作用。

3）各项专项规划和配套市政基础设施规划

前期的基础条件分析、城镇化水平预测和城镇规模、职能体系规划完成后，还应当对规划范围内的其他专项规划，如绿地系统、交通系统等进行考虑，并对配套基础设施进行统一的规划和布局。

2.2.3 实习要点与知识点的准备

（1）城镇体系规划的实习要点

从总体上讲，工作方法主要注意四个结合：

1）注重调查研究、上下结合

向上级和当地领导部门调查，了解领导的意图和精神；向下面实际工作部门和基层单位调查，取得第一手调查资料；再由规划工作者分析研究，去粗取精，去伪存真，形成观点。

2）宏观、中观、微观分析相结合

大的方向性问题要注重宏观分析，和中央、省的有关精神保持一致；中观分析是城镇体系的主要工作领域，这一点与城市总体规划、详细规划不同；虽然在工作中不以微观分析为主，但常常要从微观中抓典型。

3）定性分析和定量分析相结合

正确的结合应该是定性在前，定量在后，正确的定量分析结果还应转化为定性化表述，以便为人们所理解。总的来说，目前定量分析仍较薄弱，应该提倡计量化和其他一切有用的新方法。

4）文字表达和图纸表达相结合

文字部分可由文本和附件两部分组成。在研究的深度和广度已经满足规划的前提下，文本的组织形式、章节安排可以灵活，无须千篇一律，特别是城镇体系的职能结构、等级规模结构、空间结构三部分是根据中国目前的研究状态，考虑到规划工作条理的清晰而划分的。在内容上要联系密切，文字表达上要有重点地加以融合组织。

图纸是城镇体系规划研究中不可缺少的重要工具。它既是城市规划工作者擅长的一种空间思维的方法，也是成果表达的一种直观的手段，可以和文本相得益彰。不必追求图纸的数量，但是表示城镇体系各要素的现状和规划的基本图纸不可缺少，再配以必要的分析图。

(2) 知识点的准备

城镇体系规划是城市规划体系中难度较大的规划，它要求规划师除了拥有规划方面的专业知识以外，还需要掌握社会、经济、文化、自然、生态、基础设施等各方面的知识，并具备较强的综合分析能力。对于广大的城市规划专业实习同学来说，如果有机会参与一项城镇体系规划工作，将有利于加深对城市规划学科的理解，提高自己在专业方面的素养，同时拓展自己的知识面，增强与城市规划相关专业的协同共事的能力。

1）城镇体系的基本概念

城镇体系来自 urban system，也译为城市体系或城市系统，指的是在一个相对完整的区域或国家中，不同职能分工、不同等级规模，联系密切，互相依存的城镇的集合。它以一个区域内的城镇群体为研究对象。

2）城镇体系的基本特征

城镇体系具有所有“系统”的共同特征：

①整体性。城镇体系是由城镇、联系通道和联系流、联系区域等多个要素按一定规律组合而成的有机整体。其中某一个组合的要素的变化，例如某一城镇的兴起或衰落、某一条新交通线的开拓、某一区域资源开发环境的改善或恶化，都可以通过交互作用形成反馈。

②等级性或层次性。系统由逐级子系统组成。城镇体系的各组成要素按其作用都有高低等级之分，全国性的城镇体系由大区级、省区级体系组成，再下面还有地区级或地方级的体系。这就要求制定某一城镇体系规划时要考虑到上下级体系之间的衔接。

3）城市化的基本概念

城市化，也有的学者称之为城镇化、都市化。不同的学科从不同的角度对之有不同的解释，就目前来说，国内外学者对城市化的概念分别从人口学、地理学、社会学、经济学等角度予以阐述。人口学把城市化定义为农村人口转化为城镇人口的过程。从社会学的角度来说，城市化就是农村生活方式转化为城市生活方式的过程。经济学上从工业化的角度来定义城市化，即认为城市化就是农村经济转化为城市化大生产的过程。现在看来，城市化是工业化的必然结果。通过比较，我们可以发现对各种城市化的定义其内涵是一致的：城市化就是一个国家或地区的人口由农村向城市转移、农村地区逐步演变成城市地区、城市人口不断增长的过程；在此过程中，城市基础设施和公共服务设施不断提高，同时城市文化和城市价值观念成为主体，并不断向农村扩散。城市化就是生产力进步所引起的人们的生产方式、生活方式以及价值观念转变的过程。

4）城市化水平及城市化过程曲线

城市化水平又叫城市化率，是衡量城市化发展程度的数量指标，一般用一定地域内城市人口占总人口的比例来表示。世界各国各地区城镇化过程的开始时间、发展速度和已达到的水平存在着悬殊的差异。但世界城镇化过程并非没有一般性的规律可循。

诺瑟姆把一个国家和地区的城镇人口占总人口比重的变化过程概括为一条稍被拉平的S形曲线，并把城镇化过程分成三个阶段，即城镇水平较低、发展较慢的初期阶段，人口向城镇迅速集聚的中期加速阶段和进入高度城镇化以后城镇人口比重的增长又趋缓慢甚至停滞的后期阶段（图2-1）。

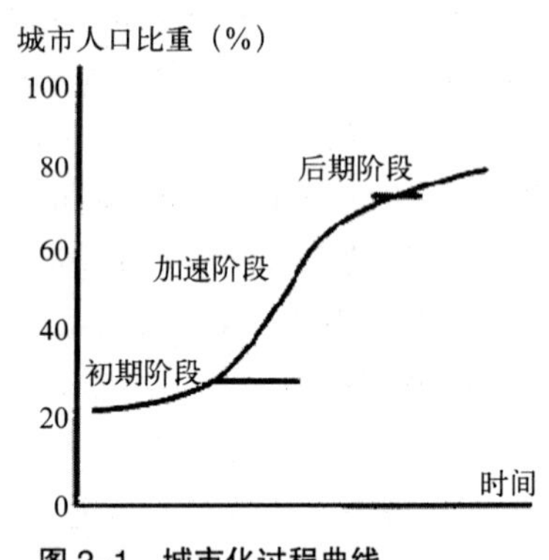

图2-1　城市化过程曲线

城镇化过程曲线反映的阶段性是与导致城镇化发展的社会经济结构变化的阶段性以及人口转换的阶段性密切联系而不可分割的。

5）城市等级规模结构

城市等级规模金字塔，指城市规模越大的等级，城市的数量越少；而城市规模越小的等级，城市的数量越多。这种城市数量随着规模等级而变动的关系用图表示出来，即形成城市等级规模金字塔。

2.3　城市总体规划

2.3.1　城市总体规划概述和成果要求

（1）城市总体规划概述

城市总体规划是对某一城市一定时期内城市性质、发展目标、发展规模、土地利用、空间布局以及各项建设的综合部署和实施措施。

城市总体规划的规划期限一般为20年。城市总体规划还应当对城市更长远的发展作出预测性安排。

城市总体规划是城市规划体系中最重要的一类法定规划，城市总体规划的编制相对于其他规划项目，更重视其文字、图纸表达的规范性、准确性、科学性。由于总体规划涉及城市的经济、产业、人口、用地、空间以及基础设施等多方面对城市发展有重要影响的内容，因此要求规划组织者有较为全面、综合的能力，不同专业特长的实习者也往往能在总体规划实习中找到发挥其专业能力的平台。

按照《城市规划编制办法》要求，城市总体规划包括市域城镇体系规划和中心城区规划，由于市域城镇体系规划上文已有述及，以下主要探讨中心城区规划的内容。

（2）总体规划成果要求

1）城市总体规划的成果内容

城市总体规划的成果应当包括规划文本、图纸及附件（说明、研究报告和基础资料等）。在规划文本中应当明确表述规划的强制性内容。

规划文本是对规划的目标、原则和内容提出规定性和指导性要求的文件。

附件是对规划文本的具体解释，包括说明书、专题报告和基础资料汇编。

2）城市总体规划的主要图纸

①城市现状图。图纸比例大中城市可用 1：10000 ～ 1：25000，小城市可用 1：5000。标明城市主要建设用地范围、主次干道以及重要的基础设施。

②新建城市和城市新发展地区应绘制城市用地工程地质评价图。图纸比例同现状图。

③城市总体规划图。表现规划建设用地范围内的各项规划内容，图纸比例同现状图。其中应至少包括中心城区土地使用规划图、中心城区功能结构分析图、中心城区居住用地规划图、中心城区公共管理及公共服务用地规划图、中心城区商业服务设施用地规划图、中心城区综合交通规划图、中心城区绿地系统规划图等。

④近期建设规划图。图纸比例同现状图。

⑤各项市政专业规划图。图纸比例同现状图。

⑥城市规划区各项规划图。其中至少应包括城市规划区规划范围图、城市规划区城乡统筹规划图、城市规划区空间管制规划图、城市规划区重大设施规划图等。图纸比例为 1：25000 ～ 1：50000。

2.3.2　城市总体规划的工作内容和工作程序

（1）城市总体规划的工作内容

城市总体规划解决的重点问题一般是有关未来城市发展的核心问题，主要包含两方面内容：

一是城市未来发展的统筹性安排问题。主要包括城市的职能以及性质定位，城市主导产业选择，城市用地发展模式（分散发展或是集聚发展）、发展方向，城市人口规模、用地规模等方面的内容。这些问题都属于公共性、政策性比较强的宏观事物，需要政府的统一协调和规划执行的统筹安排，有利于城市整体发展。

二是城市未来发展的具体性核心问题。主要包括城市规划区的控制边界、城市建设区的增长边界，空间管制分类，重大基础设施布局，交通设施布局，具体用地布局，绿地水系布局等方面的内容。这些问题都属于具体的、实施性比较强的公共事物，往往需要政府以及规划部门的实施以及管理。

城市总体规划主要成果内容概括而言包括：城市的发展方向，功能结构，用地布局，综合交通体系，禁止、限制和适宜建设的地域范围，各类专项规划等。具体而言包括以下 17 部分内容：

1）提出城市发展中面临的主要问题

首先，需要对城市的现状概况、发展历程、历版总体规划进行梳理与回顾，总结上版总体规划的实施情况以及得失情况，分析本次规划编制的背景条件，提出城市目前面临的主要问题。

2）制定城市发展战略与目标，提出城市职能，总结城市性质

根据城市的各个发展优、劣势条件，对城市的土地、水与环境资源承载力以及城市区域地位等其他主要要素进行详细分析，制定城市的发展战略以及城市发展总目标、社会经济发展主要指标。根据以上重点问题分析以及战略目标的制定提出城市性质。

3）预测规划期内各个阶段城市规模

根据各种方法预测近期、远期以及远景城市人口规模以及用地规模。

4）城市规划区规划

首先需要划定城市规划区范围，主要解决的问题包括城镇发展规模以及新农村发展要点；城市水源地以及保护区划定，制定相应的保护措施；副食品生产基地划定；生态控制区划定；规划区范围内重要基础设施布局、规划区空间管制以及城市建设用地空间增长边界。

5）城市主导发展方向、发展模式选择

需要评价城市用地、回顾城市形态发展历程以及分析产业空间需求，并进行综合判断，确定城市未来的主导发展方向以及发展模式。

6）中心城区总体布局规划

根据以上分析进行中心城区用地布局规划，并对建设用地进行指标平衡计算，人均用地以及用地的各项指标应严格符合国家相关规定。此部分内容是总体规划重点内容中的核心内容，应作为实习过程中重点学习的部分。

7）中心城区专项用地规划

此部分内容与中心城区的总体布局规划内容属于相辅相成的关系，两者之间经常会进行互动。

专项用地规划一般包括居住用地规划（应包含经济适用房规划的内容）、公共管理与公共服务用地规划（包括行政办公用地、文化设施用地、教育科研用地、体育用地、医疗卫生用地等）、商业服务设施用地规划（包括商业用地、商务用地、娱

乐康体用地、公用设施营业网点用地和其他服务设施用地)、工业用地规划以及物流仓储用地规划等。需要根据国家以及地方规范合理安排各类用地空间位置、面积、规模等。

8) 中心城区对外交通规划

结合现状以及规划要求安排公路、铁路、水运、航运等线路以及交通设施。

9) 中心城区道路交通规划

结合中心城区的用地规划布置快速路以及主、次干道系统,可根据实际情况布置部分重要地段的支路系统,并进行规划道路的设计以及重要道路的断面设计;布置城市交通各类设施,包括主要的广场、停车场、公共加油站等。

10) 中心城区绿地系统与水系规划

结合现状以及规划要求,提出城市内部各个主要的绿地系统的规划建设原则并进行空间布局,包括公园绿地和防护绿地等。对重要的公园绿地系统予以具体的位置以及范围安排,并进行划分和统计。

对中心城区主要的河湖水系提出面积、宽度等各方面的要求。

11) 中心城区景观风貌规划

对中心城区的公共开敞活动区、景观风貌区进行分类,并提出风貌控制要求,规划城市主要开放空间系统,提出城市层面的城市设计要求,包括景观轴线、景观序列节点、景观视廊、城市天际线控制要求等。

12) 中心城区市政工程规划

含给水工程规划、排水工程规划、电力工程规划、电信工程规划、燃气工程规划、供热工程规划等,应预测各个市政工程的城市负荷量,并布置主要的工程设施以及工程管线。

13) 中心城区环境保护与环卫设施规划

对城区内的主要污染物进行预测和分析,进行环境影响的评价与分析。结合综合评价影响结论进行各项规划,包括大气保护规划、水体保护规划、噪声控制规划、固体废弃物处理规划,提出综合环境区划以及环境保护实施措施。

对城市垃圾量进行预测,并布置主要的环卫设施、垃圾处理厂、垃圾中转站等,提出垃圾箱、公共厕所和其他环卫设施的布置要求。

14) 中心城区综合防灾规划

防灾规划主要包括防洪、防震、消防以及人防四个方面,均应提出各自的防灾标准、防灾原则,并布置主要的防灾设施。

进行城市生命线系统规划,规划布置疏散干道、防灾急救中心、防灾指挥中心等设施。

15) 历史文化名城保护规划

当总体规划的城市为国家级历史文化名城时,必须包含此部分内容。此部分内容主要包括：提出历史名城保护规划原则，确定历史文化名城保护的重点，分析历史文化名城历史文化构成的要素和特征，进行历史文化遗产价值评述，对历史街区提出保护要求、完成历史城区总体保护规划相关文字和图纸。

16）近期建设规划与远景发展设想

近期建设规划中，应划定近期建设的重点区域，确定近期建设重点，安排公共设施、工业设施、对外交通设施、交通设施、市政公用设施的近期建设项目，确定近期名城保护措施等。

在远景发展构想中，可对未来城市的发展框架、用地结构进行预测性安排。

17）规划实施措施

提出有利于规划实施的各项管理措施。

（2）城市总体规划的工作程序

根据现行《城乡规划法》要求，城市总体规划编制主要过程包括：

1）规划前期准备阶段

我国绝大部分城市都有上一版城市总体规划，因此编制机关在编制新一轮城市总体规划之前，应当对原规划的实施情况进行总结，并向原审批机关报告；其中修改涉及城市总体规划强制性内容的，应当先向原审批机关提出报告，经同意后，方可编制修改方案。需要注意的是，编制机关有时会要求规划单位编制原规划实施情况的专题报告，作为规划修编的依据。

2）规划调研阶段

需要规划单位对所规划的城市进行详细的现场调研。一般分为“条”、“块”两条线的调研。所谓“条”的调研，指的是去各个部门了解并收集各项专业资料，比如去交通局收集城市道路交通现状及准备实施材料，去电力局收集城市电力设施资料，去发改委座谈并收集城市经济产业资料、五年发展计划资料等；所谓“块”的调研，指的是规划设计人员分头分块跑城市现状，根据地形图绘制城市用地、道路交通等现状图，这也是规划设计人员直观感受规划城市发展现状的最主要方式。需要注意的是，规划的调研并非一蹴而就的，往往会有一个补充调查的过程，有时在第一次调查完进行方案设计时，会发现仍有一些重要资料和现状并未完全掌握，此时可能需要进行第二、第三次的补充调查。

3）总体规划纲要编制阶段

根据新颁布的《城乡规划编制办法》，编制城市总体规划，应当先组织编制总体规划纲要，研究确定总体规划中的重大问题，作为编制规划成果的依据。

4）总体规划成果编制阶段

即按照上文的内容，在纲要阶段确定的城市总体规划重大问题基础上予以补充，最终形成完整的成果。

5）总体规划成果报批阶段

2.3.3 实习要点与知识点的准备

（1）总体规划的必备知识要点

1）城市性质

城市性质是城市在一定地区、国家以及更大范围内的政治、经济与社会发展中所处的地位和担负的主要城市职能。

2）规划区

根据《中华人民共和国城乡规划法》，规划区指的是城市、镇和村庄的建成区以及因城乡建设和发展需要，必须实行规划控制的区域。规划区的具体范围由有关人民政府在组织编制的城市总体规划、镇总体规划和村庄规划中，根据城乡经济社会发展水平和统筹城乡发展的需要划定。

3）城市人口规模

城市人口规模就是人口总数。编制总体规划，通常将城市建成区范围内的实际居住人口视作城市人口，即在建设用地范围中居住的户籍非农业人口、户籍农业人口以及暂住期在一年以上的暂住人口的总和。

4）城市用地规模

城市用地规模是指规划期末各项城市建设用地的总和，其大小通常通过规划人口规模乘以人均城市建设用地指标来计算。根据《城市用地分类和规划建设用地标准》GB 50137-2011，人均城市建设指标一般在65~115.0m²/人之间取值，对边远地区、少数民族地区，以及部分山地城市、人口较少的工矿业城市、风景旅游城市等具有特殊情况的城市，应专门论证确定规划人均城市建设用地指标，且上限不大于150m²/人。

5）规划区城乡空间的基本构成及空间管制

对于城市（镇）规划区内的城乡空间，一般可以划分为建设空间、农业开敞空间以及生态敏感空间三大类，也可以细分为城镇建设用地、乡村建设用地、交通用地、其他建设用地、农业生产用地以及生态旅游用地等。

总体规划中通常对规划区城乡空间进行一定的空间建设管制，一般来说分为三类：

①适宜建设区。一般指规划区内生态敏感度低，城市发展急需的空间，作为城市建设的主要用地。

②限制建设区。一般包括农业开敞空间和未来的城市建设战略储备空间。现阶段建设用地的投放主要是满足乡村居民点建设的需要。

③禁止建设区。指生态敏感度高、关系区域生态安全的空间，主要是自然保护区、文化保护区、环境灾害区、水面等。禁止进行各项城市建设。

（2）常见的城市空间结构理论（图2-2）

1）集中型形态（Focal Form）

城市建成区主体轮廓长短轴之比小于4：1，是长期集中紧凑全方位发展状态，其中包括若干子类型，如方形、圆形、扇形等。这种类型城镇是最常见的基本形式，城市

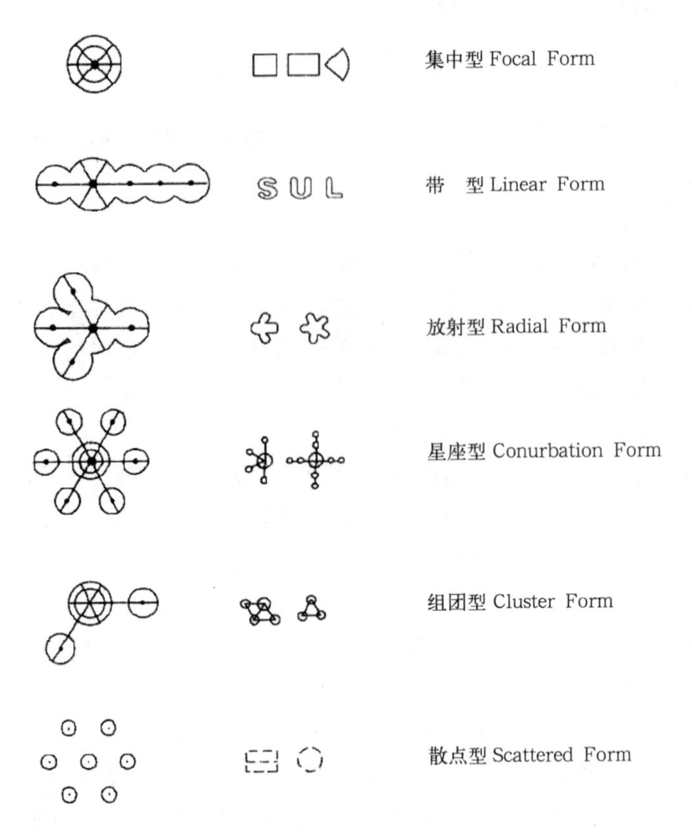

图 2-2 常见城市空间形态

往往以同心圆式同时向四周扩延。人口和建成区用地规模在一定时期内比较稳定，主要城市活动中心多处于平面几何中心附近，属于一元化的城市格局，建筑高度变化不突出而比较平缓。市内道路网为较规整的格网状。这种空间形态便于集中设置市政基础设施，合理有效利用土地，也容易组织市内交通系统。在一些大中型城市中也有相当紧凑而集中发展的，形成此种大密集团块状态的城市，人口密度与建筑高度不断增大，交通拥塞不畅，环境质量不佳。有些特大城市不断自城区向外连续分层扩展，俗称"摊大饼"式蔓延。

2）带型形态（Linear Form）

建成区主体平面形状的长短轴之比大于4：1，并明显呈单向或双向发展，其子型有U形、S形等。这些城市往往受自然条件所限，或完全适应和依赖区域主要交通干线而形成，呈长条带状发展，有的沿着湖海水面的一侧或江河两岸延伸，有的因地处山谷狭长地形或不断沿铁路、公路干线一个轴向的长向扩展城市，也有的全然是根据一种"带型城市"理论按既定规划实施而建造成的。这类城市规模不会很大，整体上使城市各部分均能接近周围自然生态环境，空间形态的平面布局和交通流向组织也较单一，但是除了一个全市主要活动中心以外，往往需要形成分区次一级的中心而呈多元化结构。

3）放射型形态（Radial Form）

建成区总平面的主题团块有三个以上明确的发展方向，包括指状、星状、花状等子型。这些形态的城市多是位于地形较平坦，而对外交通便利的平原地区。它们在迅速发展阶段很容易由原城市旧区，沿交通干线自发或按规划多向多轴地向外延展，形成放射性走廊，所以全城道路形成在中心地区为格网状而外围呈放射状的综合性体系。这种形态的城市在一定规模时多只有一个主要中心，属一元化结构，而形成大城市后又往往发展出多个次级副中心，又属多元结构。这样易于组织多向交通流向及各种城市功能。由于各放射轴之间保留楔形绿地，使城市与郊外接触面相对较大，环境质量亦可能保持较好水平。有时为了减少过境交通穿入市中心部分，需在发展轴上的新城区之间或之外建设外围环形干路，这又很容易在经济压力下将楔形绿地填充而变成同心圆式在更大范围内蔓延扩展。

4）星座型形态（Conurbation Form）

城市总平面是由一个相当大规模的主体团块和三个以上较次一级的基本团块组成的复合式形态。最通常的是一些国家首都或特大型地区中心城市，在其周围一定距离内建设发展若干相对独立的新区或卫星城镇。这种城市整体空间结构形似大型星座，人口和建成区用地规模很大，除了具有非常集中的高楼群中心商务区（CBD）之外，往往为了扩散功能而设置若干副中心或分区中心。联系这些中心及对外交通的环形和放射干路网可使之成为相当复杂而高难度发展的综合式多元规划结构。有的特大城市在多个方向的对外交通干线上间隔地串联建设一系列相对独立且较大的新区或城镇，形成放射性走廊或更大型城市群体。

5）组团型形态（Cluster Form）

城市建成区是由两个以上相对独立的主体团块和若干个基本团块组成，这多是由于较大河流或其他地形等自然环境条件的影响，城市用地被分隔成几个有一定规模的分区团块，有各自的中心和道路系统，团块之间有一定的空间距离，但有较便捷的联系性通道，使之组成一个城市实体。这种形态属于多元复合结构。如布局合理，团组距离适当，这种城市既可有高效率，又可保持良好的自然生态环境。

6）散点型形态（Scattered Form）

城市没有明确的主体团块，各个基本团块在较大区域内呈散点状分布。这种形态往往是资源较分散的矿业城市。地形复杂的山地丘陵或广阔平原都可能有此种城市。也有的是由若干相距较远的、独立发展的、规模相近的城镇组合成为一个城市，这可能是因特殊的历史或行政体制原因而形成的。这种形态通常因交通联系不便，难于组织较合理的城市功能和生活服务设施，每一组团需分别进行因地制宜的规划布局。

2.4 控制性详细规划

2.4.1 控制性详细规划概述和成果要求

（1）控制性详细规划的概述

1）控制性详细规划的概念

所谓控制性详细规划是指以城市总体规划、分区规划为依据，确定建设区域内的土地使用性质和使用强度的控制指标、道路和工程管线控制性位置以及空间环境控制的规划要求。控制性详细规划是国家法定规划。

《中华人民共和国城乡规划法》中突出了要求增强城乡规划的公共政策属性，建立新的城乡规划体系，严格城乡规划的修改程序，明确将公共权利置于约束之下等内容，其中有11项条款涉及控规，主要涉及控规的编制、修改及其在规划体系和城市建设中的地位和作用等内容。特别明确了控规是核发用地规划许可证、建设工程规划许可证的依据，同时也是国有土地使用权出让合同的主要依据条件。即通过编制控制性详细规划，将涉及城市建设的各项控制内容量化，作为城市规划管理的依据，并指导修建性详细规划的编制，它是调控城市空间资源、维护公平、保障公共利益的公共政策。

2）控制性详细规划与其他规划的关系

①与总体规划、分区规划的关系。总体规划、分区规划是控制性详细规划的上位规划，对于控制性详细规划有着指导作用。总体规划中确定的强制性内容，在控制性详细规划中一般情况下不允许变更。若控制性详细规划修改调整涉及城市总体规划、镇总体规划的强制性内容的，必须先申请修改总体规划。

②与修建性详细规划的关系。控制性详细规划是修建性详细规划的上位规划，对修建性详细规划起控制指导作用，修建性详细规划中的地块容积率、建筑密度、建筑高度、绿地率等指标不允许突破控规所规定的范围。

（2）控制性详细规划的成果要求

1）控制性详细规划成果内容

控制性详细规划成果应当包括规划文本、图件和附件。图件由图纸和图则两部分组成，规划说明、基础资料和研究报告收入附件。

2）控制性详细规划图纸

主要包括现状分析图纸和规划图纸两大类：现状分析图纸包括区位图、地形分析图、现状用地图、建筑高度现状图、建筑质量现状图等；规划图纸包括土地使用规划图、功能结构分析图、道路交通系统规划图、道路竖向规划图、公共设施规划图、居住用地规划图、教育设施规划图、街区地块划分图、绿化景观系统规划图、开发强度规划图、高度分区规划图、各类市政工程规划图。

部分城市对控制性详细规划的成果内容有地方的规定，包括表达格式、图纸内容等，如规定增加六线控制图（规划红线、绿地绿线、水域蓝线、市政黄线、公益设施橙线、历史保护紫线）、历史街区保护规划图等。在规划编制时，应当在遵循《城乡规划编制办法》的同时，力求满足地方要求。

3）分图图则

分图图则是控制性详细规划的核心图件，包括对规划中强制性控制和引导性控制的明确表达，主要通过图、表、文三种形式表达对地块的控制。

①图表达：道路坐标、标高、红线、蓝线、绿线、建筑后退、地块出入口方向、禁止机动车开口范围、用地性质、地块编号、街坊编号等和城市设计引导的概念性图示等。

②表表达：用地性质、地块面积、容积率、绿地率、建筑限高、机动车位、建筑密度、人口等。

③文字：对图和表无法准确表达的强制性内容进行补充阐述，并对规划中的引导性控制内容予以文字性的说明。

2.4.2 控制性详细规划的主要内容和工作程序

（1）控制详细规划的主要内容

1）确定规划范围内不同性质用地的界线，确定各类用地内适建、不适建或者有条件地允许建设的建筑类型。

2）确定各地块建筑高度、建筑密度、容积率、绿地率等控制指标；确定公共设施配套要求、交通出入口方位、停车泊位、建筑后退红线距离等要求。

3）提出各地块的建筑体量、体形、色彩等城市设计指导原则。

4）根据交通需求分析，确定地块出入口位置、停车泊位、公共交通场站用地范围和站点位置、步行交通以及其他交通设施，规定各级道路的红线、断面、交叉口形式及渠化措施、控制点坐标和标高。

5）根据规划建设容量，确定市政工程管线位置、管径和工程设施的用地界线，进行管线综合。确定地下空间开发利用的具体要求。

6）制定相应的土地使用与建筑管理规定。

控制性详细规划确定的各地块的主要用途、建筑密度、建筑高度、容积率、绿地率、基础设施和公共服务设施配套规定作为强制性内容。

（2）控制性详细规划的工作程序

控制性详细规划的调研主要分为两个阶段：

1）基础资料调研阶段

在规划工作中，完备的基础资料是必不可少的。好的基础资料能使规划者对于规划区的现状有更深刻的认识，并决定着规划最终的完成质量，所以，获取高质量的基础资料是规划工作中一个十分重要的环节。

一般来说，基础资料是越多越新越好。另外，除了甲方提供的基础资料外，规划人员应进行现场踏勘，通过踏勘了解现场情况，以掌握第一手的资料。

控规需要的基础资料有：

①基地所在城市最新一轮的总体规划和分区规划，作为控规的指导性规划。

②规划地区上一轮的控制性详细规划，可进行参考比较。

③规划范围内的各种其他规划，可进行参考，以避免出现多种规划自相矛盾的情况出现。

④规划范围内的现状人口数量。

⑤规划范围内的现状建筑情况，包括建筑高度、建筑质量、建筑权属等。

⑥规划范围内的公共设施的配套情况，包括学校、幼儿园、商业设施、金融设施、办公设施等的用地和数量的情况。

⑦规划范围内的绿地的数量及分布情况。

⑧规划范围内的市政基础设施的情况，包括给水、雨水、污水、供电、供热、供气、电信、环卫等。

⑨规划范围内的各项建设用地分布情况。

⑩相关的法规及各项管理规定。

⑪规划范围地形图。

现场踏勘需要规划人员对于规划范围内的每栋建筑的建筑性质、用地界线进行调查，并对现状进行初步评价。

2）规划编制阶段

规划编制阶段首先是方案阶段，其次是成果阶段，成果是在对方案不断完善的基础上，最后编制完成完整的控制性详细规划成果提交审查。

2.4.3 实习要点与知识点的准备

（1）实习要点

1）注重基础资料调研

需要对用地性质和建筑分类标准熟悉，有识别地形图的能力，完成现场踏勘，了解基地的基本情况及周边建设情况。

2）文字表达力求简洁、清晰

有良好的文字表达及组织能力，能够清楚地阐述现状问题、规划理念和规划控制手段。

3）理解并掌握各项通用的和地方性的规划法规和规范

控制性详细规划是重要的法定规划，因此在规划编制过程中了解和掌握城市规划有关的规划控制法规和要求非常重要。同时由于各地区情况条件的差异，各地方通常执行各地专用的地方性法规和规范，这些文件也是编制控制性规划的重要依据。

(2) 需要掌握的知识要点

1) 控规指标体系

控制指标体系分为两类:

①规定性指标:包括用地性质、建筑密度、建筑控制高度、容积率、绿地率、交通出入口方位、停车泊位、需要配置的公共设施。

用地性质:用地性质即土地的主要用途。规划按照国家现行标准《城市用地分类与规划建设用地标准》GB 50137—2011 中的分类规定,将建设用地分至小类,无小类的分至中类。

建筑密度:建筑密度指地块内各类建筑的基底总面积与地块面积之比(%)。建筑密度的确定应考虑区位条件、用地性质、土地级差、建筑群体空间控制要求等因素。

建筑控制高度:建筑控制高度指满足日照、通风、城市景观、历史文物保护、机场净空、高压线、微波通道等限高要求的允许最大建筑高度(m)。

容积率:容积率(FAR)指地块内建筑总面积与地块面积的比值。计算公式为:

$$\mathrm{FAR}=S_a/S$$

FAR ——容积率;

S_a ——地块内建筑总面积;

S ——地块面积。

容积率的确定应考虑用地性质、土地级差、建筑高度、建筑密度等因素。

绿地率:绿地率指规划地块中绿地总面积与地块面积之比(%)。

停车泊位:指各地块内按建筑面积或使用人数必须配套建设的机动车停车泊位数。

②指导性指标:包括人口容量,建筑形式、体量、风格要求,建筑色彩要求和其他环境要求等。

2) 地方相关规范和技术规定

目前,大部分城市都出台了地方的城乡技术管理规定,以期使城市规划管理法制化、科学化、规范化,并贴合当地实际情况,要求编制控制性详细规划必须符合当地规定。因此,需要谙熟规划地区所在城市的相关技术管理规定。

2.5 修建性详细规划

2.5.1 修建性详细规划概述和成果要求

(1) 修建性详细规划概述

修建性详细规划是制订用以指导各项建筑、工程设施设计和施工的规划设计文件。

修建性详细规划的编制条件主要依据有关的法规和相关的规划,包括该地区已编制完成的城市总体规划、分区规划、控制性详细规划等上位规划以及其他相关的国家或地方法规。还要依据委托方提出的规划要求，即设计任务书。

（2）修建性详细规划的主要成果

修建性详细规划的主要成果由说明书和图纸构成。

1）规划说明书

①现状条件分析；

②规划原则和总体构思；

③用地布局；

④空间组织和景观特色要求；

⑤道路和绿地系统规划；

⑥各项专业工程规划及管网综合；

⑦竖向规划；

⑧主要技术经济指标，一般应包括以下各项：

（a）总用地面积；

（b）总建筑面积；

（c）建筑总面积，平均层数；

（d）容积率、建筑密度；

（e）建筑容积率、建筑密度；

（f）绿地率；

⑨工程量及投资估算。

2）图纸

①规划地段区位图。标明规划地段在城市的位置以及与周围地区的关系。

②规划地段现状图。图纸比例为 1：500 ～ 1：2000，标明自然地形地貌、道路、绿化、工程管线及各类用地和建筑的范围、性质、层数、质量等；

③规划总平面图。比例尺同上，图上应标明规划建筑、绿地、道路、广场、停车场、河湖水面的位置和范围。

④道路交通规划图。比例尺同上，图上应标明道路的红线位置、横断面形式，道路交叉点坐标、标高、停车场用地界线。

⑤竖向规划图。比例尺同上，图上标明道路交叉点、变坡点控制高程、室外地坪规划标高。

⑥单项或综合工程管网规划图。比例尺同上，图上应标明各类市政公用设施管线的平面位置、管径、主要控制点标高，以及有关设施和构筑物位置。

⑦主要建筑方案选型及效果图

2.5.2 修建性详细规划的工作内容和工作程序

（1）修建性详细规划的工作内容

1）现状资料的整理以及现状条件的考察和分析

在修建性详细规划编制的过程中，经常需要注意的现状条件包括：

①规划地块的现状水文和地质条件；

②规划地块所在城市地区的经济发展概况；

③规划地块的现状建设状况；

④规划地块的周边道路交通条件；

⑤规划地块周边地区的城市功能布局和建设状况；

⑥其他。

在项目进行的初期，应注意充分收集和整理现状资料。完整充实的现状条件对项目的进行至关重要，是进行规划分析和形态布局的重要依据。实习生在参加工作的最初阶段，就应当养成充分重视现状资料的收集整理、分析研究的习惯。

2）功能布局

在进行具体的总平面布局的初步阶段，应结合前期对规划地块的现状条件及其周边条件的分析研究，先将这些不同类型的功能进行统筹安排，确定其各自的用地规模，落实其在指定规划用地范围内的空间位置。

功能布局是修建性详细规划中，设计成果的最初阶段。由于一般居住区功能结构较为单一，居住区修建性详细规划的功能布局相对较为简单。因此，尚处于实习阶段的毕业生，可以从居住区修建性详细规划入手，逐步学习和熟悉实际项目中修建性详细规划设计的过程和方法。

3）总平面布局

规划总平面的设计布局是修建性详细规划中的重要步骤。在修建性详细规划的总平面布局中，一般包括的建筑类型主要有：住宅建筑、各类公共服务设施建筑、中小学和幼托等。在方案布局中，应结合各个方面进行科学合理的统筹安排。

4）各类专项规划

包括交通系统规划、绿地系统规划、日照分析（居住小区要求）、竖向设计、市政基础设施规划。

5）主要建筑方案选型及效果图

6）主要技术经济指标

（2）修建性详细规划的主要工作程序

1）收集规划资料

①本地区城市总体规划、分区规划或控制性详细规划资料；

②现行规划相应规范、要求；

③现有场地地形图和水文地质资料调查；

④供水、供电、排污等情况调查；

⑤现状基地人口及现有建筑资料情况调查。

2）成果编制

根据规范计算出各项规划指标，进行方案规划，与委托方初步沟通，初步方案获得委托方初步认可后，可以编制成果方案，即达到修建性详细规划规定深度的成果文本。

3）成果评审与报批

规划管理部门一般会组织相关专家和专业人员评审；原则通过后，设计单位根据评审意见进行修改完善后，成果报规划主管部门审批备案，同时可以进入下一阶段的深化建筑方案设计和各项专业设计。

2.5.3　实习要点与知识点的准备

结合不同城市和地区的具体发展情况和建设需求，常见的修建性详细规划内容有：居住区修建性详细规划、公共中心修建性详细规划、各类院校的修建性详细规划、公园绿地的修建性详细规划等。以下以居住区规划为例说明实习中需要大家注意的事项。

（1）任务书的研究

在正式进行规划编制工作的最初阶段，应对项目委托方所提供的规划任务书进行充分、透彻的研究，明确任务书中提出的项目条件和要求，并将这些内容如实贯彻于接下来的规划编制过程以及成果当中。

在一般住宅区修建性详细规划任务书中，经常需要注意的内容有：规划总用地面积、容积率、规划总建筑容量等。

通常，刚刚走出校门投身城市规划工作的实习生，在实际项目操作经验上常有所欠缺。因此，在实际项目的操作中，首先应做到对项目任务书的充分研读和理解，把握其重要信息和特殊要求，力求充分、正确理解任务书所传达的信息。

（2）明确相关的规范和法规

在进行居住区修建性详细规划的编制时，应遵循相关的规范和法规。如由我国建设部颁布的《城市居住区规划设计规范》，其中对居住区修建性详细规划编制的总体指导原则、用地布局、建筑与规划布局、空间环境、住宅建筑的规划设计、公共服务设施的规划设计、绿地、道路以及管网综合等方面都提出了明确的规定和要求。

同样地，在具体项目的编制过程中，应明确掌握项目所在地区的地方性规范和法规。在规划编制过程中，应确保各项内容遵循相关规范和法规的规定和要求。

相关规范和法规是评判项目合理性与可操作性的重要依据。一般而言，在校学习的过程中，由于较少接触实际的项目操作，而课程设计中往往更强调和鼓励创造性的发挥，对于规范、法规类内容则相对较少涉及。因此，刚刚开始参加规划工作的实习生应注意对相关规范、法规的学习，并积极应用在实际项目的操作中；在工作实践中注意积累，逐步对一些重要和常用的规范、法规内容熟悉、理解并掌握。

（3）相关经济技术指标的确定

一般来说，住宅区修建性详细规划相关的经济技术指标主要包括：规划总用地面积、规划建设用地面积、规划总建筑面积、容积率、建筑密度、绿地率、总人口、总户数、停车位总数等。

在进行具体的规划布局前，应遵循规划任务书的要求，明确其中主要的经济技术指标，如规划总用地、容积率、绿地率等，并由这些指标推算出其他一些相关经济技术指标，如规划建设用地、规划总建筑面积、总人口、总户数、停车位总数等；在明确经济技术指标的前提下，才能进行具体的规划布局。

在修建性详细规划中，经济技术指标的重要性不亚于图纸文件中最为主要的总平面图。它是对规划项目各项重要指标数量上的详细描述和反映。对于刚刚进入规划行业工作的实习生来说，在这方面应注意的有：首先，应正确理解经济技术指标中各项指标的具体含义和内容；其次，在实际项目操作过程中，对经济技术指标的统计和计算应做到详实准确，前后统一；在过程中发现问题时，应先检验是否为计算错误，如是由种种原因导致规划设计本身产生的与实际情况不符、不合理的指标数据，应及时反馈到相关的设计方案中去，进行修改与调整；最后，由于项目进行过程中不可避免多次调整和修改，经济技术指标也会相应地发生改变，在对其进行修改或重新统计计算时，应保持耐心和仔细的态度，反复对比校验，力求在最后的成果中避免差错。

总平面的规划布局是修建性详细规划设计过程中举足轻重的步骤，即是我们通常意义上所说的“方案创作”的过程。在参与项目工作的时候，应多与项目负责人以及其他项目参与人员进行交流和沟通，积极参与方案设计的研究讨论活动，适当发表自身对方案的意见和建议，提出问题，抓住机会积累经验，提高专业水平。

此外，作为准备步入社会的实习生，经常可能遇到的另一个挑战就是招聘单位的能力考试。考试的重点之一就是应聘者的详细规划设计能力。此类考试经常以快题的方式出现。在快题考试中，往往要求应聘者在短时间内完成一个模拟项目的多项主要成果，其中经常包括：总平面图、主要的分析图、简要的设计说明、表现图等。而其中，总平面图往往是最为重要的部分。在考试中应合理安排时间，重点将最主要表现设计内容的总平面图完成。在这过程中，必须充分注意遵循涉及的相关规范，在确保不与相关规范法规相违背的前提下，发挥自身的创造性，力争通过考试。

（4）主要知识点的准备

1）建筑类型、体量以及形式

住宅建筑类型通常可分为低层住宅、多层住宅、中高层住宅和高层住宅四种。而其的体量和形式又根据其类型不同、所处地区不同而有所区别。以一般一梯两户的多层住宅为例，其单元面宽根据户型大小的不同，可由18~27m不等；其进深以11m左右较为常用，而单元层高则以2.8m / 层最为多见。而这些数据可根据规划区的建筑总容量、空间形式的需要、户型的需要以及不同地区的具体需求等进行选择和调整。

2）建筑间距

在对住宅建筑进行排布的过程中，建筑间距是必须重点关注的内容之一。通常而言，住宅建筑的间距主要受到日照、消防、环境景观营造、地面及地下停车场布局等各个方面的限制。其中，日照间距的要求又是最为突出和严格的。一般来说，在居住区修建性详细规划的编制过程乃至最后的成果要求之中，都必须包含日照分析这一内容。在对住宅建筑的排布和调整中，必须以满足日照间距的要求为前提。

3）建筑退界

住宅建筑在与周边城市道路红线、用地范围线、绿化控制线、高压走廊控制线等相邻时，必须注意的是建筑的退界。一般来说，各个地区建筑退界的具体规定各不相同，在规划编制的过程中，应明确掌握规划地块所处地区对建筑退界作出规定的相关规范和法规。

4）道路交通

在居住区修建性详细规划中，道路交通也是不可或缺的重要方面。通常来说，居住区内部的道路交通规划设计，应注意内部道路交通系统的合理畅通。居住区内部道路交通系统根据居住区的规模不同而有所区别。通常可分为居住区道路、小区路、组团路和宅间小路四级。

5）居住区出入口

通常而言，居住区应设置两个或两个以上对外机动车出入口。在其位置的选择上，应避免在城市主干道上设置机动车出入口，相邻的机动车出入口之间应保持一定距离。

此外，亦可结合居住区主要的出入口布置商业和公共服务设施。

6）静态交通

静态交通也是居住区道路交通系统的重要组成部分之一。通常居住区内的静态交通包括：地面停车场、地下停车库以及部分非机动车停车场库。

一般来说，居住区内的地面停车场可结合道路进行设置。需要注意的是，只有路面宽度大于等于6m的道路两侧，才具备设置停车位的条件。而通常居住区内的地面停车，每个停车位的占地为2.5m×5.5m~3.0m×6.0m左右。此外，由于居住区对环境和景观的要求，一般不设置地面集中停车场。

地下停车场的布局设置，除应满足其具体的占地要求，如约35m^2/个车位总占地以外，规划中还应重点考虑其布局方位、出入口位置等内容。一般情况下，地下停车库应与住宅建筑基底保持一定距离，结合大面积的公共绿地和道路进行设置。

非机动车停车场库，一般可结合高层住宅建筑地下室或路边停车等方式进行布置。

7）绿地景观设计

绿化景观环境的营造，也是修建性详细规划中的重要方面。区内的绿地，包括公共绿地、宅旁绿地、配套公建所属绿地和道路绿地。通常而言，新建区绿地率不应低于30%；旧区改建绿地率不宜低于25%。居住区内的绿地规划，应根据居住区的规划布局形式、环境特点及用地的具体条件，采用集中与分散相结合，点、线、面相结合的绿地系统。并宜保留和利用规划范围内的已有树木和绿地。居住区内的公共绿地，应根据居住区不同的规划布局形式，设置相应的中心绿地，以及老年人、儿童活动场地和其他的块状、带状公共绿地等。

2.6 城市设计

2.6.1 城市设计概述和成果要求

（1）城市设计的概述

在《城市规划基本术语标准》GB/T 50280—98 中，城市设计被定义为“对城市体型和空间环境所作的整体构思和安排，贯穿于城市规划的全过程”。

（2）城市设计成果要求

从城市设计范围和尺度来划分，可分为三类：宏观、中观和微观尺度的城市设计，分别对应是整体城市设计、局部城市设计和节点城市设计。城市设计的成果一般包括以下三部分：

1）城市设计研究报告：通过图纸、图示和文字，汇编基础资料并进行分析研究。阐明编制城市设计的背景及主要过程，基础资料调查，包括对自然环境、城市空间形态、城市景观体系、人文特色的分析和研究，提出问题，分析问题，提出城市设计的总体思路。

2）城市设计图则：通过图纸、模型、计算机三维图形和文字，表达城市设计内容。一般可分为两部分：一是各个系统的现状图、城市设计结构及各分析图；二是分区块编制的图则。

3）城市设计导则：在城市设计图则的基础上，通过简明扼要的图示、表格和条文，表达城市设计具体的控制要点。表达城市设计的目标、原则和控制体系。

2.6.2 城市设计的主要工作内容

（1）宏观层面的城市设计

也称为整体城市设计，总体城市设计的任务是研究确定城市空间的总体布局，建立长远的城市可视形象的总体目标，以形成良好的城市空间发展形态与人文活动的框架。

整体城市设计的主要工作内容是：

1）确定城市格局。城市格局是人们对城市基本结构的认识，是城市所在自然基地和人工开发构成的视觉框架，它使城市在视觉上获得了空间定位的参照系。对城市格局的控制内容包括自然山水城市特征（山体、平原、湿地、水体、岛屿等的布局特征与保护原则）、高度分区（高层发展区、低层区、过渡区、高层走廊等）、城市肌理（路网模式、用地模式）、建筑风格（风格、色彩等的分区）、地下空间（分布、性质、规模、与地面的联系）。

2）优化交通组织。总体城市设计交通组织的重点是对人的活动和城市生活的组织以及它们与城市机动车交通组织的关系，是在城市交通的现状和规划的基础上，对机动交通，人行交通，地上、地面、地下交通和活动的综合组织和细化，包括交通单元（步行交通的活动范围）、交通集汇点（不同交通方式的冲突点）、步行系统、立体交通的解决方式、与城市生活和休闲相关的步行范围和设施等，另外就是要对与交通组织的相关城市公共空间进行设计控制。

3）设计控制开放空间。重点是对城市公共空间景观环境的设计，是保护和创造城市特色的重要方面，包括自然环境和人工环境，是城市形体环境中固定的部分。控制的内容有城市开放空间的分布（广场、绿地等的位置、数量、景观等级、保护范围、影响范围）、城市眺望点、主要观赏点的景观对象、视阈范围、景观廊道、天际线景观。

4）选取意象元素。城市可意象性是人们对城市空间的感知和印象，是通过对人的感知和体验的研究得出的控制元素。根据林奇的"城市意象理论"，经过意象调查得出与城市生活密切相关的内在结构性的"领域圈"和相应的意象元素，划定各构成元素如节点、边缘、地标、区域的数量和等级。

5）划定重点区域。根据设计地段中的开发潜力、景观资源、历史文化、城市形象、居住群体、建设意向等情况，将城市的重点区划分出来，确定不同区域的范围、使用性质、控制重点，再对每一重点区域深入设计并制定相应的特殊区政策，促成重点区的形成与建设，包括老城区、特色区、高层区等。在城市新区的建设过程中，可以通过划定重点设计区域，并对其进行特殊控制来促进城市特色的形成。

6）系统设计。是对分布在城市范围内的各个系统的专项设计，是创造城市形象特色的重要部分，可以加强和突出城市的性格特征，使城市空间更具有层次感。控制的内容包括标识系统、环境设施、公共艺术、夜景景观设计等。

7）活动特色。是对城市生活与活动的策划与设计，也包括对城市日常生活环境的提供与设计，如城市节日庆典、民风民俗、旅游观光路线的分布及设计等。

（2）中观层面的城市设计

也称为局部城市设计，主要是对城市中重点地区，包括市中心区、各区中心、各建制镇文化中心、城市主要轴线、主要干道及其两侧、口岸及客运交通枢纽、居住区、旧城区、城市滨水地区以及城市风景区等编制的城市设计文件。

局部城市设计的出现有两种情况。一种是大多出现在城市新区、滨水区、重要地区等大型项目的开发之前，一般由政府组织，为城市征集空间发展模式的方案，三维意象和空间模式作为主要的成果，可以为后续的建设提供框架。这类城市设计一般也被称为"概念性城市设计"。另一种情况是伴随城市规划的编制进行城市设计的研究，一般出现在控制性详细规划的前期工作中，由于传统控制性详细规划疏于考虑城市空间的使用，在规划编制的同时进行城市设计的研究，并且在管理中作为控制和引导的补充手段，可以促进良好城市环境的形成。

局部城市设计的主要工作内容是：

1）确定地区的结构形态。研究并确定设计地段的基本结构。落实上位规划及总体城市设计确定的自然环境特征、公共空间、街区模式。此外，还有区段（片）划分、公共空间、高度控制、街区模式、轴线、空间单元、地下空间。

2）建筑形态。从城市空间角度提出城市墙的基本模式，塑造空间形象，包括城市墙、建筑体量、建筑高度、高层建筑体块、红线退后、建筑的色彩和材料。

3）公共空间设计。包括空间系统组织、功能布局、形态设计、景观组织、尺度控制、界面处理等许多方面。设计者要认真研究空间的平面和竖向形态，空间的主次、联系、方向、尺度和风格特征，流线和景观组织；要考虑各空间的界面处理要求，虚与实，封闭或开放，连续与不连续，高低、长短、色彩以及材质等。

4）设计道路交通设施。中观城市设计的道路交通设施设计，主要解决以往由道路交通工程师仅仅从工程和交通的角度设计城市道路，而难以提高城市街道的环境质量的问题。如确定设计范围内的道路网络、静态交通和公共交通的组织；一般车行道路着重对道路交叉口的形式尺度、道路的局部线型和断面组织、道路绿化的布置及形式等。步行街和生活道路则着重从人的尺度进行空间塑造，扩大人行的活动范围，同时强化各类活动特征。应对公交站点和交通标志等的设计提出要求和建议。

5）形象构成及景观。是对总体城市设计所确定的形象元素和景观的具体定位，对街道空间模式、通视走廊作出三维的控制，包括地标、节点、边缘、通视走廊、轮廓线、街道模式、夜景景观。

6）重要节点。对重要节点提出设计指导书并做概念设计，包括位置、类型、设计区和影响区范围、视觉中心和空间过渡。

7）环境设施。对设计范围内的绿地和建筑小品提出设计要求和建议，包括对绿地的布局和风格，植物的选择和配置，建筑小品、公共艺术、广告招牌、小品、地面铺装的设计意图、布点和设计要求。

8）活动支持。提出较具体的活动支持，包括休闲区、活动群体、动静关系。

（3）微观层面的城市设计

又称节点的城市设计。节点的城市设计使人们近距离体验到的城市美感、舒适感、领域感等，这些都需要通过节点的城市设计来实现，节点是集中展示城市空间质量的地点。节点范围包括：城市广场、公共绿地、实体环境元素、水体、铺地、环境设施等。节点城市设计是城市微观环境的设计，亦指对城市中一切具有开放空间性质的具体地段、场所而进行的空间组织和环境设计。

节点城市设计的主要工作内容是：

1）设计范围内空间景观特色的深入发掘和细化落实。

2）确定社区公园、绿化、广场和公共步行等公共开放空间的功能布局和空间形态结构。

3）对公共开放空间的景观设计、尺度控制、界面处理、流线组织及环境设计等方面提出控制要求。

4）确定建筑物的空间形态布局及其外部空间的环境设计要求。

5）确定建筑物的尺度、体量、高度、色彩、风格等方面的控制要求。

6）确定重要空间节点的概念设计和控制要求。

7）确定建筑物公共通道的位置、尺度与标高的控制要求。

2.6.3 实习要点与知识点的准备

（1）实习要点

1）不同层次的城市设计解决不同的问题

①整体城市设计需解决的重点问题是：

（a）建立城市可视形象的总体目标。总体城市设计应通过研究自然环境、历史文脉和物质空间等宏观层次的控制因素，从整体上确立设计范围内的城市结构、景观环境特征及其构成，建立长远的城市可视形象的总体目标，确立具有特色的城市形态与人文活动的框架。

（b）通过规划来对总体城市设计进行实施操作。城市设计对于城市空间形态、布局的思考，对城市土地使用、公共设施、绿地系统与景观等规划提供了重要的参考与指导作用。而有关城市特色、色彩、高度、夜景、雕塑以及广告标识等的设计构思、导则，是相关规划和单项工程设计与管理的深化依据。

②局部城市设计需解决的重点问题是：

（a）局部城市设计的任务是以总体城市设计为依据，对城市的重点地区进行深入的空间环境设计，对地段内的土地使用、建筑空间布局、建筑形态、绿化、道路交通、市政设施、建筑环境小品等从城市设计的角度提出要求。

（b）通过城市设计的研究对相应阶段的城市规划作指导与依据。明确如何将城市设计成果纳入城市规划的纲要性内容从而操作城市设计。

③节点城市设计需解决的重点问题是：

节点的城市设计通常是指以某一个城市要素为主，组合其他要素所形成的城市区域的设计。其强调对城市要素进行三维形态的整合，综合处理设计要素（或体系）之间统一的形态关系，这类城市设计重视三维性和创造性。创造的城市环境不但优美宜人，而且具有活力；不光供人们观赏，更重要的是供人们使用；力求具有鲜明的特色，切忌程式化。

2）不同层次的城市设计收集基础资料内容是不同的

①整体城市设计的基础资料收集包括以下几部分：

（a）背景资料：社会、经济、人口现状及发展趋势，地理位置、行政区划、城市相邻地区的有关资料，城市土地利用现状，设计范围内相关规划资料及相关法规要求。

（b）城市自然环境：城市地形地貌，气候特征与环境质量，植被，自然水体与滨水岸线。

（c）城市空间形态：城市平面形态及其历史沿革和变迁，组团分布及其相互关系、肌理，主要轴线、重要道路、节点的分布，公共开敞空间的分布，建筑高度分区和制高点分布。

(d) 城市景观体系：主要自然景观，城市景观带、景区、景点、视觉走廊和视点的分布，道路景观现状，建筑形态及其组合，重要建筑物、构筑物的分布现状，绿化现状，夜景景观现状，环境设施现状等。

(e) 人文特色：城市历史文化遗产，传统民俗民情，城市重大节庆及有代表性的公共活动，市民行为活动的类型、场所、路径和强度特征。

(f) 针对以上各方面所展开公众调查。

②局部及节点城市设计的基础资料应该包括以下内容：

(a) 设计范围内的土地利用、道路交通现状。

(b) 总体城市设计及相关城市规划对设计范围所提出的控制要求。

(c) 现状城市空间系统，如公共开敞空间、天际线、发展轴线及重要节点的分布及形态结构特征。

(d) 现状自然景观资源，如植被、地形地貌和水系等的分布及其特征。

(e) 现状建筑风格、组合方式、体量、色彩、质感特征。

(f) 设计范围内的历史文化遗产及保护，传统民俗民情，社区习惯。

(g) 设计范围内的市民活动类型、场所、领域、路径和强度特征。

(h) 市民（居民）对设计范围内的空间景观的感知、认同和建议。

(i) 设计范围相邻地区的有关资料。

(2) 主要知识点的准备

1) 土地使用

按照《城市用地分类与规划建设用地标准》GB 50137—2011，城市用地按照大类、中类和小类三级进行划分，以满足不同层次规划的要求。土地使用一般由法定规划层面来研究规划，城市设计主要考虑在既有的土地使用条件下，一是对土地进行综合使用，如从使用者的角度处理对空间进行设计，对用地进行地上、地下、地面的综合开发等；二是注重自然环境要素和生态保护，将自然元素巧妙地组织到城市格局成为城市一大特色；三是重视基础设施，良好的基础设施是城市设计开发的重要前提。

2) 建筑形态与城市空间

建筑的体量、尺度、比例、空间、功能、造型、建筑设计及其相关空间环境的形成，不但在于成就自身的完整性，而且在于是否对所在地段产生积极的环境影响；注重建筑物形成与相邻建筑物之间的关系，基地的内外空间、交通流线、人流活动和城市景观等，均应与特定的地段环境文脉相协调。

3) 公共空间

包括自然风景、硬质景观（如道路等）、公园、娱乐空间等。一般具有四方面特质：开放性、可达性、大众性、功能性。

由美国城市设计教育家克赖尔·库泊·马卡斯等主编的《人的场所——城市公共空间设计导则》一书中从设计的角度对城市公共空间的设计导则提出要求，主要从以下几个方面控制：

①位置——包括与相邻公共空间的关系、与周围使用性质的关系、与当地气候的关系和与相邻街坊的关系。

②尺寸——影响因素有使用性质、使用者人数、环境容量、环境氛围的创造。

③使用活动——包括不同年龄人的活动分区、活动组的人数与活动条件要求。

④小气候环境——包括风力、风速、雨雪、日照、温度、湿度和气味。

⑤界面和过渡元素——围合广场的建筑界面和广场空间与相邻空间的关系（包括主次空间、地坪变化、引导性元素和过渡性元素等）。

⑥交通影响——交通条件、交通组织方式、噪声影响、可达性。

⑦环境设施——包括座椅、喷泉、零售亭、指示牌、广告等。

⑧植被——绿化、种植种类、高低配置、种植边界处理、不同季节变化。

⑨公共艺术——雕塑、艺术表现、环境小品、静态和动态等。

由于城市公共空间在城市设计中往往是重点设计和控制的地段，是城市形象的重要窗口，因此设计导则的内容比较详细，实际上是设计主要的内容。

4）主要的城市设计要素

凯文·林奇认为“任何一个城市，都存在一个由许多人意象复合而成的公众意象，或者说是一系列的公共意象，……公共意象多多少少地，要么非常突出，要么与个体意象互相包容。”并将城市意象中物质形态研究的内容，“方便”地归纳为以下五种城市设计要素：

①路径。路径是观察者习惯、偶然或是潜在的移动通道，它可能是机动车道、步行道、长途干线、隧道或是铁路线，对许多人来说，它是意象中的主导元素。

②边缘。边缘是线性要素，但观察者并没有把它与道路同等使用或对待，它是两个部分的边界线，是连续过程中的线形中断，比如海岸、铁路线的分割，开发用地的边界、围墙等，是一种横向的参照，而不是坐标轴。

③区域。区域是城市内中等以上的分区，是二维平面，观察者从心理上有“进入”其中的感觉，因为其具有某些共同的能够被识别的特征。这些特征通常从内部可以确认，从外部也能看到并可以用来作为参照。

④节点。节点是在城市中观察者能够由此进入的具有战略意义的点，是人们往来行程的集中焦点。它们首先是连接点，交通线路中的休息站，道路的交叉或汇聚点，从一种结构向另一种结构的转换处，也可能只是简单的聚集点，由于是某些功能或物质特征的浓缩因而显得十分重要，比如街角的集散地或是一个围合的广场。某些集中节点成为一个区域的中心和缩影，其影响由此向外辐射，它们因此成为区域的象征，被称为核心。

⑤地标。地标是另一类型的点状参照物，观察者只是位于其外部，而并未进入其中。

地标通常是一个定义简单的有形物体，比如建筑、标志、店铺或山峦，也就是在许多可能元素中挑选出一个突出元素。

5）城市设计导则

设计导则是对城市设计意图及表达城市设计意图的城市形体环境元素和体系的具体构想的描述，是为城市设计实施建立的一种技术性控制框架和模式。

就城市设计的全过程上看，设计导则是直接进入城市设计操作过程的成果。它包含两方面的意义：一是表现在对城市建设的管理层面，它是管理者评审和决策时的依据，此时它是决策环境的一部分；二是表现在设计交流与合作层面，它是下一层次的诸多设计活动相互协作、相互影响的基础，为充分发挥每个设计的再创造提供机会。

设计导则在内容上也包含了城市设计的方方面面，力求把涉及的问题从整体到细部贯穿起来。

第3章
实习常用法规及技术规范要点汇编

3.1 中华人民共和国城乡规划法

2007年10月28日十届全国人大常委会第三十次会议审议通过了《中华人民共和国城乡规划法》(下文简称《城乡规划法》),并于2008年1月1日起施行。《城乡规划法》突破了1984版《城市规划条例》、1990版《城市规划法》的立法框架，实现了法律内容与价值取向的创新，是时空发展新要求的具体体现，显示了我国正式从"城市规划时代"走入"城乡规划时代"。

《城乡规划法》明确了规划的编制程序、编制内容、编制主体及违法行为的法律责任等，为城乡规划的实施提供了有力保障。该法共分为7章，总计70条。

《中华人民共和国城乡规划法》

(2007年10月28日第十届全国人民代表大会常务委员会第三十次会议通过)

目　录

第一章　总　则

第一条　为了加强城乡规划管理，协调城乡空间布局，改善人居环境，促进城乡经济社会全面协调可持续发展，制定本法。

第二条　制定和实施城乡规划，在规划区内进行建设活动，必须遵守本法。

本法所称城乡规划，包括城镇体系规划、城市规划、镇规划、乡规划和村庄规划。城市规划、镇规划分为总体规划和详细规划。详细规划分为控制性详细规划和修建性详细规划。

本法所称规划区，是指城市、镇和村庄的建成区以及因城乡建设和发展需要，必须实行规划控制的区域。规划区的具体范围由有关人民政府在组织编制的城市总体规划、镇总体规划、乡规划和村庄规划中，根据城乡经济社会发展水平和统筹城乡发展的需要划定。

第三条　城市和镇应当依照本法制定城市规划和镇规划。城市、镇规划区内的建设活动应当符合规划要求。

县级以上地方人民政府根据本地农村经济社会发展水平，按照因地制宜、切实可行的原则，确定应当制定乡规划、村庄规划的区域。在确定区域内的乡、村庄，应当依照本法制订规划，规划区内的乡、村庄建设应当符合规划要求。

县级以上地方人民政府鼓励、指导前款规定以外的区域的乡、村庄制定和实施乡规划、村庄规划。

第四条　制定和实施城乡规划，应当遵循城乡统筹、合理布局、节约土地、集约发展和先规划后建设的原则，改善生态环境，促进资源、能源节约和综合利用，保护耕地等自然资源和历史文化遗产，保持地方特色、民族特色和传统风貌，防止污染和其他公害，并符合区域人口发展、国防建设、防灾减灾和公共卫生、公共安全的需要。

在规划区内进行建设活动，应当遵守土地管理、自然资源和环境保护等法律、法规的规定。

县级以上地方人民政府应当根据当地经济社会发展的实际，在城市总体规划、镇总体规划中合理确定城市、镇的发展规模、步骤和建设标准。

第五条　城市总体规划、镇总体规划以及乡规划和村庄规划的编制，应当依据国民经济和社会发展规划，并与土地利用总体规划相衔接。

第六条　各级人民政府应当将城乡规划的编制和管理经费纳入本级财政预算。

第七条　经依法批准的城乡规划，是城乡建设和规划管理的依据，未经法定程序不得修改。

第八条　城乡规划组织编制机关应当及时公布经依法批准的城乡规划。但是，法律、行政法规规定不得公开的内容除外。

第九条　任何单位和个人都应当遵守经依法批准并公布的城乡规划，服从规划管理，并有权就涉及其利害关系的建设活动是否符合规划的要求向城乡规划主管部门查询。

任何单位和个人都有权向城乡规划主管部门或者其他有关部门举报或者控告违反城乡规划的行为。城乡规划主管部门或者其他有关部门对举报或者控告，应当及时受理并组织核查、处理。

第十条　国家鼓励采用先进的科学技术，增强城乡规划的科学性，提高城乡规划实施及监督管理的效能。

第十一条　国务院城乡规划主管部门负责全国的城乡规划管理工作。

县级以上地方人民政府城乡规划主管部门负责本行政区域内的城乡规划管理工作。

第二章　城乡规划的制定

第十二条　国务院城乡规划主管部门会同国务院有关部门组织编制全国城镇体系规划，用于指导省域城镇体系规划、城市总体规划的编制。

全国城镇体系规划由国务院城乡规划主管部门报国务院审批。

第十三条　省、自治区人民政府组织编制省域城镇体系规划，报国务院审批。

省域城镇体系规划的内容应当包括：城镇空间布局和规模控制，重大基础设施的布局，为保护生态环境、资源等需要严格控制的区域。

第十四条　城市人民政府组织编制城市总体规划。

直辖市的城市总体规划由直辖市人民政府报国务院审批。省、自治区人民政府所在地的城市以及国务院确定的城市的总体规划，由省、自治区人民政府审查同意后，报国务院审批。其他城市的总体规划，由城市人民政府报省、自治区人民政府审批。

第十五条　县人民政府组织编制县人民政府所在地镇的总体规划，报上一级人民政府审批。其他镇的总体规划由镇人民政府组织编制，报上一级人民政府审批。

第十六条　省、自治区人民政府组织编制的省域城镇体系规划，城市、县人民政府组织编制的总体规划，在报上一级人民政府审批前，应当先经本级人民代表大会常务委员会审议，常务委员会组成人员的审议意见交由本级人民政府研究处理。

镇人民政府组织编制的镇总体规划，在报上一级人民政府审批前，应当先经镇人民代表大会审议，代表的审议意见交由本级人民政府研究处理。

规划的组织编制机关报送审批省域城镇体系规划、城市总体规划或者镇总体规划，应当将本级人民代表大会常务委员会组成人员或者镇人民代表大会代表的审议意见和根据审议意见修改规划的情况一并报送。

第十七条　城市总体规划、镇总体规划的内容应当包括：城市、镇的发展布局，功能分区，用地布局，综合交通体系，禁止、限制和适宜建设的地域范围，各类专项规划等。

规划区范围、规划区内建设用地规模、基础设施和公共服务设施用地、水源地和水系、基本农田和绿化用地、环境保护、自然与历史文化遗产保护以及防灾减灾等内容，应当作为城市总体规划、镇总体规划的强制性内容。

城市总体规划、镇总体规划的规划期限一般为二十年。城市总体规划还应当对城市更长远的发展作出预测性安排。

第十八条　乡规划、村庄规划应当从农村实际出发，尊重村民意愿，体现地方和农村特色。

乡规划、村庄规划的内容应当包括：规划区范围，住宅、道路、供水、排水、供电、垃圾收集、畜禽养殖场所等农村生产、生活服务设施、公益事业等各项建设的用地布局、建设要求，以及对耕地等自然资源和历史文化遗产保护、防灾减灾等的具体安排。乡规划还应当包括本行政区域内的村庄发展布局。

第十九条　城市人民政府城乡规划主管部门根据城市总体规划的要求，组织编制城市的控制性详细规划，经本级人民政府批准后，报本级人民代表大会常务委员会和上一级人民政府备案。

第二十条　镇人民政府根据镇总体规划的要求，组织编制镇的控制性详细规划，报上一级人民政府审批。县人民政府所在地镇的控制性详细规划，由县人民政府城乡规划主管部门根据镇总体规划的要求组织编制，经县人民政府批准后，报本级人民代表大会常务委员会和上一级人民政府备案。

第二十一条　城市、县人民政府城乡规划主管部门和镇人民政府可以组织编制重要地块的修建性详细规划。修建性详细规划应当符合控制性详细规划。

第二十二条　乡、镇人民政府组织编制乡规划、村庄规划，报上一级人民政府审批。村庄规划在报送审批前，应当经村民会议或者村民代表会议讨论同意。

第二十三条　首都的总体规划、详细规划应当统筹考虑中央国家机关用地布局和空间安排的需要。

第二十四条　城乡规划组织编制机关应当委托具有相应资质等级的单位承担城乡规划的具体编制工作。

从事城乡规划编制工作应当具备下列条件，并经国务院城乡规划主管部门或者省、自治区、直辖市人民政府城乡规划主管部门依法审查合格，取得相应等级的资质证书后，方可在资质等级许可的范围内从事城乡规划编制工作：

（一）有法人资格；

（二）有规定数量的经国务院城乡规划主管部门注册的规划师；

（三）有规定数量的相关专业技术人员；

（四）有相应的技术装备；

（五）有健全的技术、质量、财务管理制度。

规划师执业资格管理办法，由国务院城乡规划主管部门会同国务院人事行政部门制定。

编制城乡规划必须遵守国家有关标准。

第二十五条　编制城乡规划，应当具备国家规定的勘察、测绘、气象、地震、水文、环境等基础资料。

县级以上地方人民政府有关主管部门应当根据编制城乡规划的需要，及时提供有关基础资料。

第二十六条　城乡规划报送审批前，组织编制机关应当依法将城乡规划草案予以公告，并采取论证会、听证会或者其他方式征求专家和公众的意见。公告的时间不得少于三十日。

组织编制机关应当充分考虑专家和公众的意见，并在报送审批的材料中附具意见采纳情况及理由。

第二十七条　省域城镇体系规划、城市总体规划、镇总体规划批准前，审批机关应当组织专家和有关部门进行审查。

第三章　城乡规划的实施

第二十八条　地方各级人民政府应当根据当地经济社会发展水平，量力而行，尊重群众意愿，有计划、分步骤地组织实施城乡规划。

第二十九条　城市的建设和发展，应当优先安排基础设施以及公共服务设施的建设，妥善处理新区开发与旧区改建的关系，统筹兼顾进城务工人员生活和周边农村经济社会发展、村民生产与生活的需要。

镇的建设和发展，应当结合农村经济社会发展和产业结构调整，优先安排供水、排水、供电、供气、道路、通信、广播电视等基础设施和学校、卫生院、文化站、幼儿园、福利院等公共服务设施的建设，为周边农村提供服务。

乡、村庄的建设和发展，应当因地制宜、节约用地，发挥村民自治组织的作用，引导村民合理进行建设，改善农村生产、生活条件。

第三十条　城市新区的开发和建设，应当合理确定建设规模和时序，充分利用现有市政基础设施和公共服务设施，严格保护自然资源和生态环境，体现地方特色。

在城市总体规划、镇总体规划确定的建设用地范围以外，不得设立各类开发区和城市新区。

第三十一条　旧城区的改建，应当保护历史文化遗产和传统风貌，合理确定拆迁和建设规模，有计划地对危房集中、基础设施落后等地段进行改建。

历史文化名城、名镇、名村的保护以及受保护建筑物的维护和使用，应当遵守有关法律、行政法规和国务院的规定。

第三十二条 城乡建设和发展，应当依法保护和合理利用风景名胜资源，统筹安排风景名胜区及周边乡、镇、村庄的建设。

风景名胜区的规划、建设和管理，应当遵守有关法律、行政法规和国务院的规定。

第三十三条　城市地下空间的开发和利用，应当与经济和技术发展水平相适应，遵循统筹安排、综合开发、合理利用的原则，充分考虑防灾减灾、人民防空和通信等需要，并符合城市规划，履行规划审批手续。

第三十四条　城市、县、镇人民政府应当根据城市总体规划、镇总体规划、土地利用总体规划和年度计划以及国民经济和社会发展规划，制定近期建设规划，报总体规划审批机关备案。

近期建设规划应当以重要基础设施、公共服务设施和中低收入居民住房建设以及生态环境保护为重点内容，明确近期建设的时序、发展方向和空间布局。近期建设规划的规划期限为五年。

第三十五条　城乡规划确定的铁路、公路、港口、机场、道路、绿地、输配电设施及输电线路走廊、通信设施、广播电视设施、管道设施、河道、水库、水源地、自然保护区、防汛通道、消防通道、核电站、垃圾填埋场及焚烧厂、污水处理厂和公共服务设施的用地以及其他需要依法保护的用地，禁止擅自改变用途。

第三十六条　按照国家规定需要有关部门批准或者核准的建设项目，以划拨方式提供国有土地使用权的，建设单位在报送有关部门批准或者核准前，应当向城乡规划主管部门申请核发选址意见书。

前款规定以外的建设项目不需要申请选址意见书。

第三十七条　在城市、镇规划区内以划拨方式提供国有土地使用权的建设项目，经有关部门批准、核准、备案后，建设单位应当向城市、县人民政府城乡规划主管部门提出建设用地规划许可申请，由城市、县人民政府城乡规划主管部门依据控制性详细规划核定建设用地的位置、面积、允许建设的范围，核发建设用地规划许可证。

建设单位在取得建设用地规划许可证后，方可向县级以上地方人民政府土地主管部门申请用地，经县级以上人民政府审批后，由土地主管部门划拨土地。

第三十八条　在城市、镇规划区内以出让方式提供国有土地使用权的，在国有土地使用权出让前，城市、县人民政府城乡规划主管部门应当依据控制性详细规划，提出出让地块的位置、使用性质、开发强度等规划条件，作为国有土地使用权出让合同的组成部分。未确定规划条件的地块，不得出让国有土地使用权。

以出让方式取得国有土地使用权的建设项目，在签订国有土地使用权出让合同后，建设单位应当持建设项目的批准、核准、备案文件和国有土地使用权出让合同，向城市、县人民政府城乡规划主管部门领取建设用地规划许可证。

城市、县人民政府城乡规划主管部门不得在建设用地规划许可证中，擅自改变作为国有土地使用权出让合同组成部分的规划条件。

第三十九条　规划条件未纳入国有土地使用权出让合同的，该国有土地使用权出让合同无效；对未取得建设用地规划许可证的建设单位批准用地的，由县级以上人民政府撤销有关批准文件；占用土地的，应当及时退回；给当事人造成损失的，应当依法给予赔偿。

第四十条　在城市、镇规划区内进行建筑物、构筑物、道路、管线和其他工程建设的，建设单位或者个人应当向城市、县人民政府城乡规划主管部门或者省、自治区、直辖市人民政府确定的镇人民政府申请办理建设工程规划许可证。

申请办理建设工程规划许可证，应当提交使用土地的有关证明文件、建设工程设计方案等材料。需要建设单位编制修建性详细规划的建设项目，还应当提交修建性详细规划。对符合控制性详细规划和规划条件的，由城市、县人民政府城乡规划主管部门或者省、自治区、直辖市人民政府确定的镇人民政府核发建设工程规划许可证。

城市、县人民政府城乡规划主管部门或者省、自治区、直辖市人民政府确定的镇人民政府应当依法将经审定的修建性详细规划、建设工程设计方案的总平面图予以公布。

第四十一条　在乡、村庄规划区内进行乡镇企业、乡村公共设施和公益事业建设的，建设单位或者个人应当向乡、镇人民政府提出申请，由乡、镇人民政府报城市、县人民政府城乡规划主管部门核发乡村建设规划许可证。

在乡、村庄规划区内使用原有宅基地进行农村村民住宅建设的规划管理办法，由省、自治区、直辖市制定。

在乡、村庄规划区内进行乡镇企业、乡村公共设施和公益事业建设以及农村村民住宅建设，不得占用农用地；确需占用农用地的，应当依照《中华人民共和国土地管理法》有关规定办理农用地转用审批手续后，由城市、县人民政府城乡规划主管部门核发乡村建设规划许可证。

建设单位或者个人在取得乡村建设规划许可证后，方可办理用地审批手续。

第四十二条　城乡规划主管部门不得在城乡规划确定的建设用地范围以外作出规划许可。

第四十三条　建设单位应当按照规划条件进行建设；确需变更的，必须向城市、县人民政府城乡规划主管部门提出申请。变更内容不符合控制性详细规划的，城乡规划主管部门不得批准。城市、县人民政府城乡规划主管部门应当及时将依法变更后的规划条件通报同级土地主管部门并公示。

建设单位应当及时将依法变更后的规划条件报有关人民政府土地主管部门备案。

第四十四条　在城市、镇规划区内进行临时建设的，应当经城市、县人民政府城乡规划主管部门批准。临时建设影响近期建设规划或者控制性详细规划的实施以及交通、市容、安全等的，不得批准。

临时建设应当在批准的使用期限内自行拆除。

临时建设和临时用地规划管理的具体办法，由省、自治区、直辖市人民政府制定。

第四十五条　县级以上地方人民政府城乡规划主管部门按照国务院规定对建设工程是否符合规划条件予以核实。未经核实或者经核实不符合规划条件的，建设单位不得组织竣工验收。

建设单位应当在竣工验收后六个月内向城乡规划主管部门报送有关竣工验收资料。

第四章　城乡规划的修改

第四十六条　省域城镇体系规划、城市总体规划、镇总体规划的组织编制机关，应当组织有关部门和专家定期对规划实施情况进行评估，并采取论证会、听证会或者其他方式征求公众意见。组织编制机关应当向本级人民代表大会常务委员会、镇人民代表大会和原审批机关提出评估报告并附具征求意见的情况。

第四十七条　有下列情形之一的，组织编制机关方可按照规定的权限和程序修改省域城镇体系规划、城市总体规划、镇总体规划：

（一）上级人民政府制定的城乡规划发生变更，提出修改规划要求的；

（二）行政区划调整确需修改规划的；

（三）因国务院批准重大建设工程确需修改规划的；

（四）经评估确需修改规划的；

（五）城乡规划的审批机关认为应当修改规划的其他情形。

修改省域城镇体系规划、城市总体规划、镇总体规划前，组织编制机关应当对原规划的实施情况进行总结，并向原审批机关报告；修改涉及城市总体规划、镇总体规划强制性内容的，应当先向原审批机关提出专题报告，经同意后，方可编制修改方案。

修改后的省域城镇体系规划、城市总体规划、镇总体规划，应当依照本法第十三条、第十四条、第十五条和第十六条规定的审批程序报批。

第四十八条　修改控制性详细规划的，组织编制机关应当对修改的必要性进行论证，征求规划地段内利害关系人的意见，并向原审批机关提出专题报告，经原审批机关同意后，方可编制修改方案。修改后的控制性详细规划，应当依照本法第十九条、第二十条规定的审批程序报批。控制性详细规划修改涉及城市总体规划、镇总体规划的强制性内容的，应当先修改总体规划。

修改乡规划、村庄规划的，应当依照本法第二十二条规定的审批程序报批。

第四十九条　城市、县、镇人民政府修改近期建设规划的，应当将修改后的近期建设规划报总体规划审批机关备案。

第五十条　在选址意见书、建设用地规划许可证、建设工程规划许可证或者乡村建设规划许可证发放后，因依法修改城乡规划给被许可人合法权益造成损失的，应当依法给予补偿。

经依法审定的修建性详细规划、建设工程设计方案的总平面图不得随意修改；确需修改的，城乡规划主管部门应当采取听证会等形式，听取利害关系人的意见；因修改给利害关系人合法权益造成损失的，应当依法给予补偿。

第五章　监督检查

第五十一条　县级以上人民政府及其城乡规划主管部门应当加强对城乡规划编制、审批、实施、修改的监督检查。

第五十二条　地方各级人民政府应当向本级人民代表大会常务委员会或者乡、镇人民代表大会报告城乡规划的实施情况，并接受监督。

第五十三条　县级以上人民政府城乡规划主管部门对城乡规划的实施情况进行监督检查，有权采取以下措施：

（一）要求有关单位和人员提供与监督事项有关的文件、资料，并进行复制；

（二）要求有关单位和人员就监督事项涉及的问题作出解释和说明，并根据需要进入现场进行勘测；

（三）责令有关单位和人员停止违反有关城乡规划的法律、法规的行为。

城乡规划主管部门的工作人员履行前款规定的监督检查职责，应当出示执法证件。被监督检查的单位和人员应当予以配合，不得妨碍和阻挠依法进行的监督检查活动。

第五十四条　监督检查情况和处理结果应当依法公开，供公众查阅和监督。

第五十五条　城乡规划主管部门在查处违反本法规定的行为时，发现国家机关工作人员依法应当给予行政处分的，应当向其任免机关或者监察机关提出处分建议。

第五十六条　依照本法规定应当给予行政处罚，而有关城乡规划主管部门不给予行政处罚的，上级人民政府城乡规划主管部门有权责令其作出行政处罚决定或者建议有关人民政府责令其给予行政处罚。

第五十七条　城乡规划主管部门违反本法规定作出行政许可的，上级人民政府城乡规划主管部门有权责令其撤销或者直接撤销该行政许可。因撤销行政许可给当事人合法权益造成损失的，应当依法给予赔偿。

第六章　法律责任

第五十八条　对依法应当编制城乡规划而未组织编制，或者未按法定程序编制、审批、修改城乡规划的，由上级人民政府责令改正，通报批评；对有关人民政府负责人和其他直接责任人员依法给予处分。

第五十九条　城乡规划组织编制机关委托不具有相应资质等级的单位编制城乡规划的，由上级人民政府责令改正，通报批评；对有关人民政府负责人和其他直接责任人员依法给予处分。

第六十条　镇人民政府或者县级以上人民政府城乡规划主管部门有下列行为之一的，由本级人民政府、上级人民政府城乡规划主管部门或者监察机关依据职权责令改正，通报批评；对直接负责的主管人员和其他直接责任人员依法给予处分：

（一）未依法组织编制城市的控制性详细规划、县人民政府所在地镇的控制性详细规划的；

（二）超越职权或者对不符合法定条件的申请人核发选址意见书、建设用地规划许可证、建设工程规划许可证、乡村建设规划许可证的；

（三）对符合法定条件的申请人未在法定期限内核发选址意见书、建设用地规划许可证、建设工程规划许可证、乡村建设规划许可证的；

（四）未依法对经审定的修建性详细规划、建设工程设计方案的总平面图予以公布的；

（五）同意修改修建性详细规划、建设工程设计方案的总平面图前未采取听证会等形式听取利害关系人的意见的；

（六）发现未依法取得规划许可或者违反规划许可的规定在规划区内进行建设的行为，而不予查处或者接到举报后不依法处理的。

第六十一条　县级以上人民政府有关部门有下列行为之一的，由本级人民政府或者上级人民政府有关部门责令改正，通报批评；对直接负责的主管人员和其他直接责任人员依法给予处分：

（一）对未依法取得选址意见书的建设项目核发建设项目批准文件的；

（二）未依法在国有土地使用权出让合同中确定规划条件或者改变国有土地使用权出让合同中依法确定的规划条件的；

（三）对未依法取得建设用地规划许可证的建设单位划拨国有土地使用权的。

第六十二条　城乡规划编制单位有下列行为之一的，由所在地城市、县人民政府城乡规划主管部门责令限期改正，处合同约定的规划编制费一倍以上二倍以下的罚款；情节严重的，责令停业整顿，由原发证机关降低资质等级或者吊销资质证书；造成损失的，依法承担赔偿责任：

（一）超越资质等级许可的范围承揽城乡规划编制工作的；

（二）违反国家有关标准编制城乡规划的。

未依法取得资质证书承揽城乡规划编制工作的，由县级以上地方人民政府城乡规划主管部门责令停止违法行为，依照前款规定处以罚款；造成损失的，依法承担赔偿责任。

以欺骗手段取得资质证书承揽城乡规划编制工作的，由原发证机关吊销资质证书，依照本条第一款规定处以罚款；造成损失的，依法承担赔偿责任。

第六十三条　城乡规划编制单位取得资质证书后，不再符合相应的资质条件的，由原发证机关责令限期改正；逾期不改正的，降低资质等级或者吊销资质证书。

第六十四条　未取得建设工程规划许可证或者未按照建设工程规划许可证的规定进行建设的，由县级以上地方人民政府城乡规划主管部门责令停止建设；尚可采取改正措施消除对规划实施的影响的，限期改正，处建设工程造价百分之五以上百分之十以下的罚款；无法采取改正措施消除影响的，限期拆除，不能拆除的，没收实物或者违法收入，可以并处建设工程造价百分之十以下的罚款。

第六十五条　在乡、村庄规划区内未依法取得乡村建设规划许可证或者未按照乡村建设规划许可证的规定进行建设的，由乡、镇人民政府责令停止建设、限期改正；逾期不改正的，可以拆除。

第六十六条　建设单位或者个人有下列行为之一的，由所在地城市、县人民政府城乡规划主管部门责令限期拆除，可以并处临时建设工程造价一倍以下的罚款：

（一）未经批准进行临时建设的；

（二）未按照批准内容进行临时建设的；

（三）临时建筑物、构筑物超过批准期限不拆除的。

第六十七条　建设单位未在建设工程竣工验收后六个月内向城乡规划主管部门报送有关竣工验收资料的，由所在地城市、县人民政府城乡规划主管部门责令限期补报；逾期不补报的，处一万元以上五万元以下的罚款。

第六十八条　城乡规划主管部门作出责令停止建设或者限期拆除的决定后，当事人不停止建设或者逾期不拆除的，建设工程所在地县级以上地方人民政府可以责成有关部门采取查封施工现场、强制拆除等措施。

第六十九条　违反本法规定，构成犯罪的，依法追究刑事责任。

第七章　附　则

第七十条　本法自2008年1月1日起施行。《中华人民共和国城市规划法》同时废止。

3.2　城市规划编制办法

《城市规划编制办法》

中华人民共和国建设部令

第146号

《城市规划编制办法》已于2005年10月28日经建设部第76次常务会议讨论通过，现予发布，自2006年4月1日起施行。

建设部部长　汪光焘

二〇〇五年十二月三十一日

城市规划编制办法

第一章　总　则

第一条　为了规范城市规划编制工作，提高城市规划的科学性和严肃性，根据国家有关法律法规的规定，制定本办法。

第二条　按国家行政建制设立的市，组织编制城市规划，应当遵守本办法。

第三条　城市规划是政府调控城市空间资源、指导城乡发展与建设、维护社会公平、保障公共安全和公众利益的重要公共政策之一。

第四条　编制城市规划，应当以科学发展观为指导，以构建社会主义和谐社会为基本目标，坚持五个统筹，坚持中国特色的城镇化道路，坚持节约和集约利用资源，保护生态环境，保护人文资源，尊重历史文化，坚持因地制宜确定城市发展目标与战略，促进城市全面协调可持续发展。

第五条　编制城市规划，应当考虑人民群众需要，改善人居环境，方便群众生活，充分关注中低收入人群，扶助弱势群体，维护社会稳定和公共安全。

第六条　编制城市规划，应当坚持政府组织、专家领衔、部门合作、公众参与、科学决策的原则。

第七条　城市规划分为总体规划和详细规划两个阶段。大、中城市根据需要，可以依法在总体规划的基础上组织编制分区规划。

城市详细规划分为控制性详细规划和修建性详细规划。

第八条　国务院建设主管部门组织编制的全国城镇体系规划和省、自治区人民政府组织编制的省域城镇体系规划，应当作为城市总体规划编制的依据。

第九条　编制城市规划，应当遵守国家有关标准和技术规范，采用符合国家有关规定的基础资料。

第十条　承担城市规划编制的单位，应当取得城市规划编制资质证书，并在资质等级许可的范围内从事城市规划编制工作。

第二章　城市规划编制组织

第十一条　城市人民政府负责组织编制城市总体规划和城市分区规划。具体工作由城市人民政府建设主管部门（城乡规划主管部门）承担。

城市人民政府应当依据城市总体规划，结合国民经济和社会发展规划以及土地利用总体规划，组织制定近期建设规划。

控制性详细规划由城市人民政府建设主管部门（城乡规划主管部门）依据已经批准的城市总体规划或者城市分区规划组织编制。

修建性详细规划可以由有关单位依据控制性详细规划及建设主管部门（城乡规划主管部门）提出的规划条件，委托城市规划编制单位编制。

第十二条　城市人民政府提出编制城市总体规划前，应当对现行城市总体规划以及各专项规划的实施情况进行总结，对基础设施的支撑能力和建设条件作出评价；针对存在问题和出现的新情况，从土地、水、能源和环境等城市长期的发展保障出发，依据全国城镇体系规划和省域城镇体系规划，着眼区域统筹和城乡统筹，对城市的定位、发展目标、城市功能和空间布局等战略问题进行前瞻性研究，作为城市总体规划编制的工作基础。

第十三条　城市总体规划应当按照以下程序组织编制：

（一）按照本办法第十二条规定组织前期研究，在此基础上，按规定提出进行编制工作的报告，经同意后方可组织编制。其中，组织编制直辖市、省会城市、国务院指定市的城市总体规划的，应当向国务院建设主管部门提出报告；组织编制其他市的城市总体规划的，应当向省、自治区建设主管部门提出报告。

（二）组织编制城市总体规划纲要，按规定提请审查。其中，组织编制直辖市、省会城市、国务院指定市的城市总体规划的，应当报请国务院建设主管部门组织审查；组织编制其他市的城市总体规划的，应当报请省、自治区建设主管部门组织审查。

（三）依据国务院建设主管部门或者省、自治区建设主管部门提出的审查意见，组织编制城市总体规划成果，按法定程序报请审查和批准。

第十四条　在城市总体规划的编制中，对于涉及资源与环境保护、区域统筹与城乡统筹、城市发展目标与空间布局、城市历史文化遗产保护等重大专题，应当在城市人民政府组织下，由相关领域的专家领衔进行研究。

第十五条　在城市总体规划的编制中，应当在城市人民政府组织下，充分吸取政府有关部门和军事机关的意见。

对于政府有关部门和军事机关提出意见的采纳结果，应当作为城市总体规划报送审批材料的专题组成部分。

组织编制城市详细规划，应当充分听取政府有关部门的意见，保证有关专业规划的空间落实。

第十六条　在城市总体规划报送审批前，城市人民政府应当依法采取有效措施，充分征求社会公众的意见。

在城市详细规划的编制中，应当采取公示、征询等方式，充分听取规划涉及的单位、公众的意见。对有关意见采纳结果应当公布。

第十七条　城市总体规划调整，应当按规定向规划审批机关提出调整报告，经认定后依照法律规定组织调整。

城市详细规划调整，应当取得规划批准机关的同意。规划调整方案，应当向社会公开，听取有关单位和公众的意见，并将有关意见的采纳结果公示。

第三章　城市规划编制要求

第十八条　编制城市规划，要妥善处理城乡关系，引导城镇化健康发展，体现布局合理、资源节约、环境友好的原则，保护自然与文化资源，体现城市特色，考虑城市安全和国防建设需要。

第十九条　编制城市规划，对涉及城市发展长期保障的资源利用和环境保护、区域协调发展、风景名胜资源管理、自然与文化遗产保护、公共安全和公众利益等方面的内容，应当确定为必须严格执行的强制性内容。

第二十条　城市总体规划包括市域城镇体系规划和中心城区规划。

编制城市总体规划，应当先组织编制总体规划纲要，研究确定总体规划中的重大问题，作为编制规划成果的依据。

第二十一条　编制城市总体规划，应当以全国城镇体系规划、省域城镇体系规划以及其他上层次法定规划为依据，从区域经济社会发展的角度研究城市定位和发展战略，按照人口与产业、就业岗位的协调发展要求，控制人口规模、提高人口素质，按照有效配置公共资源、改善人居环境的要求，充分发挥中心城市的区域辐射和带动作用，合理确定城乡空间布局，促进区域经济社会全面、协调和可持续发展。

第二十二条　编制城市近期建设规划，应当依据已经依法批准的城市总体规划，明确近期内实施城市总体规划的重点和发展时序，确定城市近期发展方向、规模、空间布局、重要基础设施和公共服务设施选址安排，提出自然遗产与历史文化遗产的保护、城市生态环境建设与治理的措施。

第二十三条　编制城市分区规划，应当依据已经依法批准的城市总体规划，对城市土地利用、人口分布和公共服务设施、基础设施的配置作出进一步的安排，对控制性详细规划的编制提出指导性要求。

第二十四条　编制城市控制性详细规划，应当依据已经依法批准的城市总体规划或分区规划，考虑相关专项规划的要求，对具体地块的土地利用和建设提出控制指标，作为建设主管部门（城乡规划主管部门）作出建设项目规划许可的依据。

编制城市修建性详细规划，应当依据已经依法批准的控制性详细规划，对所在地块的建设提出具体的安排和设计。

第二十五条　历史文化名城的城市总体规划，应当包括专门的历史文化名城保护规划。

历史文化街区应当编制专门的保护性详细规划。

第二十六条　城市规划成果的表达应当清晰、规范，成果文件、图件与附件中说明、专题研究、分析图纸等表达应有区分。

城市规划成果文件应当以书面和电子文件两种方式表达。

第二十七条　城市规划编制单位应当严格依据法律、法规的规定编制城市规划，提交的规划成果应当符合本办法和国家有关标准。

第四章　城市规划编制内容

第一节　城市总体规划

第二十八条　城市总体规划的期限一般为二十年，同时可以对城市远景发展的空间布局提出设想。

确定城市总体规划具体期限，应当符合国家有关政策的要求。

第二十九条　总体规划纲要应当包括下列内容：

（一）市域城镇体系规划纲要，内容包括：提出市域城乡统筹发展战略；确定生态环境、土地和水资源、能源、自然和历史文化遗产保护等方面的综合目标和保护要求，提出空间管制原则；预测市域总人口及城镇化水平，确定各城镇人口规模、职能分工、空间布局方案和建设标准；原则确定市域交通发展策略。

（二）提出城市规划区范围。

（三）分析城市职能、提出城市性质和发展目标。

（四）提出禁建区、限建区、适建区范围。

（五）预测城市人口规模。

（六）研究中心城区空间增长边界，提出建设用地规模和建设用地范围。

（七）提出交通发展战略及主要对外交通设施布局原则。

（八）提出重大基础设施和公共服务设施的发展目标。

（九）提出建立综合防灾体系的原则和建设方针。

第三十条　市域城镇体系规划应当包括下列内容：

（一）提出市域城乡统筹的发展战略。其中位于人口、经济、建设高度聚集的城镇密集地区的中心城市，应当根据需要，提出与相邻行政区域在空间发展布局、重大基础设施和公共服务设施建设、生态环境保护、城乡统筹发展等方面进行协调的建议。

（二）确定生态环境、土地和水资源、能源、自然和历史文化遗产等方面的保护与利用的综合目标和要求，提出空间管制原则和措施。

（三）预测市域总人口及城镇化水平，确定各城镇人口规模、职能分工、空间布局和建设标准。

（四）提出重点城镇的发展定位、用地规模和建设用地控制范围。

（五）确定市域交通发展策略；原则确定市域交通、通信、能源、供水、排水、防洪、垃圾处理等重大基础设施，重要社会服务设施，危险品生产储存设施的布局。

（六）根据城市建设、发展和资源管理的需要划定城市规划区。城市规划区的范围应当位于城市的行政管辖范围内。

（七）提出实施规划的措施和有关建议。

第三十一条　中心城区规划应当包括下列内容：

（一）分析确定城市性质、职能和发展目标。

（二）预测城市人口规模。

（三）划定禁建区、限建区、适建区和已建区，并制定空间管制措施。

（四）确定村镇发展与控制的原则和措施；确定需要发展、限制发展和不再保留的村庄，提出村镇建设控制标准。

（五）安排建设用地、农业用地、生态用地和其他用地。

（六）研究中心城区空间增长边界，确定建设用地规模，划定建设用地范围。

（七）确定建设用地的空间布局，提出土地使用强度管制区划和相应的控制指标（建筑密度、建筑高度、容积率、人口容量等）。

（八）确定市级和区级中心的位置和规模，提出主要的公共服务设施的布局。

（九）确定交通发展战略和城市公共交通的总体布局，落实公交优先政策，确定主要对外交通设施和主要道路交通设施布局。

（十）确定绿地系统的发展目标及总体布局，划定各种功能绿地的保护范围（绿线），划定河湖水面的保护范围（蓝线），确定岸线使用原则。

（十一）确定历史文化保护及地方传统特色保护的内容和要求，划定历史文化街区、历史建筑保护范围（紫线），确定各级文物保护单位的范围；研究确定特色风貌保护重点区域及保护措施。

（十二）研究住房需求，确定住房政策、建设标准和居住用地布局；重点确定经济适用房、普通商品住房等满足中低收入人群住房需求的居住用地布局及标准。

（十三）确定电信、供水、排水、供电、燃气、供热、环卫发展目标及重大设施总体布局。

（十四）确定生态环境保护与建设目标，提出污染控制与治理措施。

（十五）确定综合防灾与公共安全保障体系，提出防洪、消防、人防、抗震、地质灾害防护等规划原则和建设方针。

（十六）划定旧区范围，确定旧区有机更新的原则和方法，提出改善旧区生产、生活环境的标准和要求。

（十七）提出地下空间开发利用的原则和建设方针。

（十八）确定空间发展时序，提出规划实施步骤、措施和政策建议。

第三十二条　城市总体规划的强制性内容包括：

（一）城市规划区范围。

（二）市域内应当控制开发的地域。包括：基本农田保护区，风景名胜区，湿地、水源保护区等生态敏感区，地下矿产资源分布地区。

（三）城市建设用地。包括：规划期限内城市建设用地的发展规模，土地使用强度管制区划和相应的控制指标（建设用地面积、容积率、人口容量等）；城市各类绿地的具体布局；城市地下空间开发布局。

（四）城市基础设施和公共服务设施。包括：城市干道系统网络、城市轨道交通网络、交通枢纽布局；城市水源地及其保护区范围和其他重大市政基础设施；文化、教育、卫生、体育等方面主要公共服务设施的布局。

（五）城市历史文化遗产保护。包括：历史文化保护的具体控制指标和规定；历史文化街区、历史建筑、重要地下文物埋藏区的具体位置和界线。

（六）生态环境保护与建设目标，污染控制与治理措施。

（七）城市防灾工程。包括：城市防洪标准、防洪堤走向；城市抗震与消防疏散通道；城市人防设施布局；地质灾害防护规定。

第三十三条　总体规划纲要成果包括纲要文本、说明、相应的图纸和研究报告。

城市总体规划的成果应当包括规划文本、图纸及附件（说明、研究报告和基础资料等）。在规划文本中应当明确表述规划的强制性内容。

第三十四条　城市总体规划应当明确综合交通、环境保护、商业网点、医疗卫生、绿地系统、河湖水系、历史文化名城保护、地下空间、基础设施、综合防灾等专项规划的原则。

编制各类专项规划，应当依据城市总体规划。

第二节　城市近期建设规划

第三十五条　近期建设规划的期限原则上应当与城市国民经济和社会发展规划的年限一致，并不得违背城市总体规划的强制性内容。

近期建设规划到期时，应当依据城市总体规划组织编制新的近期建设规划。

第三十六条　近期建设规划的内容应当包括：

（一）确定近期人口和建设用地规模，确定近期建设用地范围和布局。

（二）确定近期交通发展策略，确定主要对外交通设施和主要道路交通设施布局。

（三）确定各项基础设施、公共服务和公益设施的建设规模和选址。

（四）确定近期居住用地安排和布局。

（五）确定历史文化名城、历史文化街区、风景名胜区等的保护措施，城市河湖水系、绿化、环境等保护、整治和建设措施。

（六）确定控制和引导城市近期发展的原则和措施。

第三十七条　近期建设规划的成果应当包括规划文本、图纸，以及包括相应说明的附件。在规划文本中应当明确表达规划的强制性内容。

第三节　城市分区规划

第三十八条　编制分区规划，应当综合考虑城市总体规划确定的城市布局、片区特征、河流道路等自然和人工界限，结合城市行政区划，划定分区的范围界限。

第三十九条　分区规划应当包括下列内容：

（一）确定分区的空间布局、功能分区、土地使用性质和居住人口分布。

（二）确定绿地系统、河湖水面、供电高压线走廊、对外交通设施用地界线和风景名胜区、文物古迹、历史文化街区的保护范围，提出空间形态的保护要求。

（三）确定市、区、居住区级公共服务设施的分布、用地范围和控制原则。

（四）确定主要市政公用设施的位置、控制范围和工程干管的线路位置、管径，进行管线综合。

（五）确定城市干道的红线位置、断面、控制点坐标和标高，确定支路的走向、宽度，确定主要交叉口、广场、公交站场、交通枢纽等交通设施的位置和规模，确定轨道交通线路走向及控制范围，确定主要停车场规模与布局。

第四十条　分区规划的成果应当包括规划文本、图件，以及包括相应说明的附件。

第四节　详细规划

第四十一条　控制性详细规划应当包括下列内容：

（一）确定规划范围内不同性质用地的界线，确定各类用地内适建，不适建或者有条件地允许建设的建筑类型。

（二）确定各地块建筑高度、建筑密度、容积率、绿地率等控制指标；确定公共设施配套要求、交通出入口方位、停车泊位、建筑后退红线距离等要求。

（三）提出各地块的建筑体量、体形、色彩等城市设计指导原则；

（四）根据交通需求分析，确定地块出入口位置、停车泊位、公共交通场站用地范围和站点位置、步行交通以及其他交通设施。规定各级道路的红线、断面、交叉口形式及渠化措施、控制点坐标和标高。

（五）根据规划建设容量，确定市政工程管线位置、管径和工程设施的用地界线，进行管线综合。确定地下空间开发利用具体要求。

（六）制定相应的土地使用与建筑管理规定。

第四十二条　控制性详细规划确定的各地块的主要用途、建筑密度、建筑高度、容积率、绿地率、基础设施和公共服务设施配套规定应当作为强制性内容。

第四十三条　修建性详细规划应当包括下列内容：

（一）建设条件分析及综合技术经济论证。

（二）建筑、道路和绿地等的空间布局和景观规划设计，布置总平面图。

（三）对住宅、医院、学校和托幼等建筑进行日照分析。

（四）根据交通影响分析，提出交通组织方案和设计。

（五）市政工程管线规划设计和管线综合。

（六）竖向规划设计。

（七）估算工程量、拆迁量和总造价，分析投资效益。

第四十四条　控制性详细规划成果应当包括规划文本、图件和附件。图件由图纸和图则两部分组成，规划说明、基础资料和研究报告收入附件。

修建性详细规划成果应当包括规划说明书、图纸。

第五章　附　则

第四十五条　县人民政府所在地镇的城市规划编制，参照本办法执行。

第四十六条　对城市规划文本、图纸、说明、基础资料等的具体内容、深度要求和规格等，由国务院建设主管部门另行规定。

第四十七条　本办法自2006年4月1日起施行。1991年9月3日建设部颁布的《城市规划编制办法》同时废止。

3.3 实习常用法规及技术规范要点汇编

3.3.1 城市用地分类与规划建设用地标准

（1）城乡用地分类

1）城乡用地共分为 2 大类、9 中类、14 小类。

2）城乡用地分类和代码应符合表 3-1 的规定。

城乡用地分类和代码　　表 3–1

<table>
<tr><th colspan="3">类别代码</th><th rowspan="2">类别名称</th><th rowspan="2">内容</th></tr>
<tr><th>大类</th><th>中类</th><th>小类</th></tr>
<tr><td rowspan="19">H</td><td colspan="3">建设用地</td><td>包括城乡居民点建设用地、区域交通设施用地、区域公用设施用地、特殊用地、采矿用地及其他建设用地等</td></tr>
<tr><td rowspan="5">H1</td><td colspan="2">城乡居民点建设用地</td><td>城市、镇、乡、村庄建设用地</td></tr>
<tr><td>H11</td><td>城市建设用地</td><td>城市内的居住用地、公共管理与公共服务设施用地、商业服务业设施用地、工业用地、物流仓储用地、道路与交通设施用地、公用设施用地、绿地与广场用地</td></tr>
<tr><td>H12</td><td>镇建设用地</td><td>镇人民政府驻地的建设用地</td></tr>
<tr><td>H13</td><td>乡建设用地</td><td>乡人民政府驻地的建设用地</td></tr>
<tr><td>H14</td><td>村庄建设用地</td><td>农村居民点的建设用地</td></tr>
<tr><td rowspan="6">H2</td><td colspan="2">区域交通设施用地</td><td>铁路、公路、港口、机场和管道运输等区域交通运输及其附属设施用地，不包括城市建设用地范围内的铁路客货运站、公路长途客货运站以及港口客运码头</td></tr>
<tr><td>H21</td><td>铁路用地</td><td>铁路编组站、线路等用地</td></tr>
<tr><td>H22</td><td>公路用地</td><td>国道、省道、县道和乡道用地及附属设施用地</td></tr>
<tr><td>H23</td><td>港口用地</td><td>海港和河港的陆域部分，包括码头作业区、辅助生产区等用地</td></tr>
<tr><td>H24</td><td>机场用地</td><td>民用及军民合用的机场用地，包括飞行区、航站区等用地，不包括净空控制范围用地</td></tr>
<tr><td>H25</td><td>管道运输用地</td><td>运输煤炭、石油和天然气等地面管道运输用地，地下管道运输规定的地面控制范围内的用地应按地面实际用途归类</td></tr>
<tr><td>H3</td><td colspan="2">区域公用设施用地</td><td>为区域服务的公用设施用地，包括区域性能源设施、水工设施、通讯设施、广播电视设施、殡葬设施、环卫设施、排水设施等用地</td></tr>
<tr><td rowspan="3">H4</td><td colspan="2">特殊用地</td><td>特殊性质的用地</td></tr>
<tr><td>H41</td><td>军事用地</td><td>专门用于军事目的的设施用地，不包括部队家属生活区和军民共用设施等用地</td></tr>
<tr><td>H42</td><td>安保用地</td><td>监狱、拘留所、劳改场所和安全保卫设施等用地，不包括公安局用地</td></tr>
<tr><td>H5</td><td colspan="2">采矿用地</td><td>采矿、采石、采沙、盐田、砖瓦窑等地面生产用地及尾矿堆放地</td></tr>
<tr><td>H9</td><td colspan="2">其他建设用地</td><td>除以上之外的建设用地，包括边境口岸和风景名胜区、森林公园等的管理及服务设施等用地</td></tr>
</table>

续表

类别代码			类别名称	内容
大类	中类	小类		
E			非建设用地	水域、农林用地及其他非建设用地等
	E1		水域	河流、湖泊、水库、坑塘、沟渠、滩涂、冰川及永久积雪
		E11	自然水域	河流、湖泊、滩涂、冰川及永久积雪
		E12	水库	人工拦截汇集而成的总库容不小于 10 万 m^3 的水库正常蓄水位岸线所围成的水面
		E13	坑塘沟渠	蓄水量小于 10 万 m^3 的坑塘水面和人工修建用于引、排、灌的渠道
	E2		农林用地	耕地、园地、林地、牧草地、设施农用地、田坎、农村道路等用地
	E9		其他非建设用地	空闲地、盐碱地、沼泽地、沙地、裸地、不用于畜牧业的草地等用地

(2) 城市建设用地分类

1) 城市建设用地共分为 8 大类、35 中类、42 小类。

2) 城市建设用地分类和代码应符合表 3-2 的规定。

城市建设用地分类和代码 **表 3–2**

类别代码			类别名称	内容
大类	中类	小类		
R			居住用地	住宅和相应服务设施的用地
	R1		一类居住用地	设施齐全、环境良好，以低层住宅为主的用地
		R11	住宅用地	住宅建筑用地及其附属道路、停车场、小游园等用地
		R12	服务设施用地	居住小区及小区级以下的幼托、文化、体育、商业、卫生服务、养老助残、公用设施等用地，不包括中小学用地
	R2		二类居住用地	设施较齐全、环境良好，以多、中、高层住宅为主的用地
		R21	住宅用地	住宅建筑用地（含保障性住宅用地）及其附属道路、停车场、小游园等用地
		R22	服务设施用地	居住小区及小区级以下的幼托、文化、体育、商业、卫生服务、养老助残、公用设施等用地，不包括中小学用地
	R3		三类居住用地	设施较欠缺、环境较差，以需要加以改造的简陋住宅为主的用地，包括危房、棚户区、临时住宅等用地
		R31	住宅用地	住宅建筑用地及其附属道路、停车场、小游园等用地
		R32	服务设施用地	居住小区及小区级以下的幼托、文化、体育、商业、卫生服务、养老助残、公用设施等用地，不包括中小学用地

续表

类别代码			类别名称	内容
大类	中类	小类		
A			公共管理与公共服务设施用地	行政、文化、教育、体育、卫生等机构和设施的用地，不包括居住用地中的服务设施用地
	A1		行政办公用地	党政机关、社会团体、事业单位等办公机构及其相关设施用地
	A2		文化设施用地	图书、展览等公共文化活动设施用地
		A21	图书展览用地	公共图书馆、博物馆、档案馆、科技馆、纪念馆、美术馆和展览馆、会展中心等设施用地
		A22	文化活动用地	综合文化活动中心、文化馆、青少年宫、儿童活动中心、老年活动中心等设施用地
	A3		教育科研用地	高等院校、中等专业学校、中学、小学、科研事业单位及其附属设施用地，包括为学校配建的独立地段的学生生活用地
		A31	高等院校用地	大学、学院、专科学校、研究生院、电视大学、党校、干部学校及其附属设施用地，包括军事院校用地
		A32	中等专业学校用地	中等专业学校、技工学校、职业学校等用地，不包括附属于普通中学内的职业高中用地
		A33	中小学用地	中学、小学用地
		A34	特殊教育用地	聋、哑、盲人学校及工读学校等用地
		A35	科研用地	科研事业单位用地
	A4		体育用地	体育场馆和体育训练基地等用地，不包括学校等机构专用的体育设施用地
		A41	体育场馆用地	室内外体育运动用地，包括体育场馆、游泳场馆、各类球场及其附属的业余体校等用地
		A42	体育训练用地	为体育运动专设的训练基地用地
	A5		医疗卫生用地	医疗、保健、卫生、防疫、康复和急救设施等用地
		A51	医院用地	综合医院、专科医院、社区卫生服务中心等用地
		A52	卫生防疫用地	卫生防疫站、专科防治所、检验中心和动物检疫站等用地
		A53	特殊医疗用地	对环境有特殊要求的传染病、精神病等专科医院用地
		A59	其他医疗卫生用地	急救中心、血库等用地
	A6		社会福利用地	为社会提供福利和慈善服务的设施及其附属设施用地，包括福利院、养老院、孤儿院等用地
	A7		文物古迹用地	具有保护价值的古遗址、古墓葬、古建筑、石窟寺、近代代表性建筑、革命纪念建筑等用地。不包括已作其他用途的文物古迹用地
	A8		外事用地	外国驻华使馆、领事馆、国际机构及其生活设施等用地
	A9		宗教用地	宗教活动场所用地

续表

类别代码			类别名称	内容
大类	中类	小类		
B	商业服务业设施用地			商业、商务、娱乐康体等设施用地，不包括居住用地中的服务设施用地
	B1	商业用地		商业及餐饮、旅馆等服务业用地
		B11	零售商业用地	以零售功能为主的商铺、商场、超市、市场等用地
		B12	批发市场用地	以批发功能为主的市场用地
		B13	餐饮用地	饭店、餐厅、酒吧等用地
		B14	旅馆用地	宾馆、旅馆、招待所、服务型公寓、度假村等用地
	B2	商务用地		金融保险、艺术传媒、技术服务等综合性办公用地
		B21	金融保险用地	银行、证券期货交易所、保险公司等用地
		B22	艺术传媒用地	文艺团体、影视制作、广告传媒等用地
		B29	其他商务用地	贸易、设计、咨询等技术服务办公用地
	B3	娱乐康体用地		娱乐、康体等设施用地
		B31	娱乐用地	剧院、音乐厅、电影院、歌舞厅、网吧以及绿地率小于65%的大型游乐等设施用地
		B32	康体用地	赛马场、高尔夫、溜冰场、跳伞场、摩托车场、射击场，以及通用航空、水上运动的陆域部分等用地
	B4	公用设施营业网点用地		零售加油、加气、电信、邮政等公用设施营业网点用地
		B41	加油加气站用地	零售加油、加气、充电站等用地
		B49	其他公用设施营业网点用地	独立地段的电信、邮政、供水、燃气、供电、供热等其他公用设施营业网点用地
	B9		其他服务设施用地	业余学校、民营培训机构、私人诊所、殡葬、宠物医院、汽车维修站等其他服务设施用地
M	工业用地			工矿企业的生产车间、库房及其附属设施等用地，包括专用铁路、码头和附属道路、停车场等用地，不包括露天矿用地
	M1		一类工业用地	对居住和公共环境基本无干扰、污染和安全隐患的工业用地
	M2		二类工业用地	对居住和公共环境有一定干扰、污染和安全隐患的工业用地
	M3		三类工业用地	对居住和公共环境有严重干扰、污染和安全隐患的工业用地
W	物流仓储用地			物资储备、中转、配送等用地，包括附属道路、停车场以及货运公司车队的站场等用地
	W1		一类物流仓储用地	对居住和公共环境基本无干扰、污染和安全隐患的物流仓储用地
	W2		二类物流仓储用地	对居住和公共环境有一定干扰、污染和安全隐患的物流仓储用地
	W3		三类物流仓储用地	易燃、易爆和剧毒等危险品的专用物流仓储用地

续表

类别代码			类别名称	内容
大类	中类	小类		
S			道路与交通设施用地	城市道路、交通设施等用地，不包括居住用地、工业用地等内部的道路、停车场等用地
	S1		城市道路用地	快速路、主干路、次干路和支路等用地，包括其交叉口用地
	S2		城市轨道交通用地	独立地段的城市轨道交通地面以上部分的线路、站点用地
	S3		交通枢纽用地	铁路客货运站、公路长途客运站、港口客运码头、公交枢纽及其附属设施用地
	S4		交通场站用地	交通服务设施用地，不包括交通指挥中心、交通队用地
		S41	公共交通设施用地	城市轨道交通车辆基地及附属设施，公共汽（电）车首末站、停车场（库）、保养场，出租汽车场站设施等用地，以及轮渡、缆车、索道等的地面部分及其附属设施用地
		S42	社会停车场用地	独立地段的公共停车场和停车库用地，不包括其他各类用地配建的停车场和停车库用地
	S9		其他交通设施用地	除以上之外的交通设施用地，包括教练场等用地
U			公用设施用地	供应、环境、安全等设施用地
	U1		供应设施用地	供水、供电、供燃气和供热等设施用地
		U11	供水用地	城市取水设施、自来水厂、再生水厂、加压泵站、高位水池等设施用地
		U12	供电用地	变电站、开闭所、变配电所等设施用地，不包括电厂用地。高压走廊下规定的控制范围内的用地按其地面实际用途归类
		U13	供燃气用地	分输站、门站、储气站、加气母站、液化石油气储配站、灌瓶站和地面输气管廊等设施用地，不包括制气厂用地
		U14	供热用地	集中供热锅炉房、热力站、换热站和地面输热管廊等设施用地
		U15	通信用地	邮政中心局、邮政支局、邮件处理中心、电信局、移动基站、微波站等设施用地
		U16	广播电视用地	广播电视的发射、传输和监测设施用地，包括无线电收信区、发信区以及广播电视发射台、转播台、差转台、监测站等设施用地
	U2		环境设施用地	雨水、污水、固体废物处理等环境保护设施及其附属设施用地
		U21	排水用地	雨水泵站、污水泵站、污水处理、污泥处理厂等设施及其附属的构筑物用地，不包括排水河渠用地
		U22	环卫用地	生活垃圾、医疗垃圾、危险废物处理（置），以及垃圾转运、公厕、车辆清洗、环卫车辆停放修理等设施用地
	U3		安全设施用地	消防、防洪等保卫城市安全的公用设施及其附属设施用地
		U31	消防用地	消防站、消防通信及指挥训练中心等设施用地
		U32	防洪用地	防洪堤、防洪枢纽、排洪沟渠等设施用地
	U9		其他公用设施用地	除以上之外的公用设施用地，包括施工、养护、维修等设施用地

类别代码			类别名称	内容
大类	中类	小类		
G			绿地与广场用地	公园绿地、防护绿地、广场等公共开放空间用地
	G1		公园绿地	向公众开放，以游憩为主要功能，兼具生态、美化、防灾等作用的绿地
	G2		防护绿地	具有卫生、隔离和安全防护功能的绿地
	G3		广场用地	以游憩、纪念、集会和避险等功能为主的城市公共活动场地

（3）城市（镇）总体规划城乡用地应按表 3-3 进行汇总

城乡用地汇总表 **表 3–3**

用地代码	用地名称		用地面积（hm^2）		占城乡用地比例（%）	
			现状	规划	现状	规划
H	建设用地					
	其中	城乡居民点建设用地				
		区域交通设施用地				
		区域公用设施用地				
		特殊用地				
		采矿用地				
		其他建设用地				
E	非建设用地					
	其中	水域				
		农林用地				
		其他非建设用地				
	城乡用地				100	100

（4）城市（镇）总体规划城市建设用地应统一按表 3-4 进行平衡

城市建设用地平衡表 **表 3–4**

用地代码	用地名称	用地面积（hm^2）		占城市建设用地比例（%）		人均城市建设用地面积（m^2/人）	
		现状	规划	现状	规划	现状	规划
R	居住用地						

续表

用地代码	用地名称		用地面积（hm²）		占城市建设用地比例（%）		人均城市建设用地面积（m²/人）	
			现状	规划	现状	规划	现状	规划
A	公共管理与公共服务设施用地							
	其中	行政办公用地						
		文化设施用地						
		教育科研用地						
		体育用地						
		医疗卫生用地						
		社会福利用地						
		……						
B	商业服务业设施用地							
M	工业用地							
W	物流仓储用地							
S	道路与交通设施用地							
	其中：城市道路用地							
U	公用设施用地							
G	绿地与广场用地							
	其中：公园绿地							
H11	城市建设用地				100	100		

备注：________ 年现状常住人口 ________ 万人
________ 年规划常住人口 ________ 万人

（5）规划人均城市建设用地面积标准

1）规划人均城市建设用地面积指标应根据现状人均城市建设用地面积指标、城市（镇）所在的气候区以及规划人口规模，按表3-5的规定综合确定，并应同时符合表中允许采用的规划人均城市建设用地面积指标和允许调整幅度双因子的限制要求。

2）新建城市（镇）的规划人均城市建设用地面积指标宜在85.1～105.0m²/人内确定。

3）首都的规划人均城市建设用地面积指标应在105.1～115.0m²/人内确定。

4）边远地区、少数民族地区城市（镇）以及部分山地城市（镇）、人口较少的工矿业城市（镇）、风景旅游城市（镇）等，不符合表3-5规定时，应专门论证确定规划人均城市建设用地面积指标，且上限不得大于150.0m²/人。

规划人均城市建设用地面积指标（m²／人） 表 3–5

气候区	现状人均城市建设用地面积指标	允许采用的规划人均城市建设用地面积指标	允许调整幅度		
			规划人口规模 ≤ 20.0 万人	规划人口规模 20.1 万 ~ 50.0 万人	规划人口规模 >50.0 万人
Ⅰ、Ⅱ、Ⅵ、Ⅶ	≤ 65.0	65.0 ~ 85.0	>0.0	>0.0	>0.0
	65.1 ~ 75.0	65.0 ~ 95.0	+0.1 ~ +20.0	+0.1 ~ +20.0	+0.1 ~ +20.0
	75.1 ~ 85.0	75.0 ~ 105.0	+0.1 ~ +20.0	+0.1 ~ +20.0	+0.1 ~ +15.0
	85.1 ~ 95.0	80.0 ~ 110.0	+0.1 ~ +20.0	−5.0 ~ +20.0	−5.0 ~ +15.0
	95.1 ~ 105.0	90.0 ~ 110.0	−5.0 ~ +15.0	−10.0 ~ +15.0	−10.0 ~ +10.0
	105.1 ~ 115.0	95.0 ~ 115.0	−10.0 ~ −0.1	−15.0 ~ −0.1	−20.0 ~ −0.1
	>115.0	≤ 115.0	<0.0	<0.0	<0.0
Ⅲ、Ⅳ、Ⅴ	≤ 65.0	65.0 ~ 85.0	>0.0	>0.0	>0.0
	65.1 ~ 75.0	65.0 ~ 95.0	+0.1 ~ +20.0	+0.1 ~ 20.0	+0.1 ~ +20.0
	75.1 ~ 85.0	75.0 ~ 100.0	−5.0 ~ +20.0	−5.0 ~ +20.0	−5.0 ~ +15.0
	85.1 ~ 95.0	80.0 ~ 105.0	−10.0 ~ +15.0	−10.0 ~ +15.0	−10.0 ~ +10.0
	95.1 ~ 105.0	85.0 ~ 105.0	−15.0 ~ +10.0	−15.0 ~ +10.0	−15.0 ~ +5.0
	105.1 ~ 115.0	90.0 ~ 110.0	−20.0 ~ −0.1	−20.0 ~ −0.1	−25.0 ~ −5.0
	>115.0	≤ 110.0	<0.0	<0.0	<0.0

5）编制和修订城市（镇）总体规划应以本标准作为规划城市建设用地的远期控制标准。

3.3.2 城市居住区规划设计规范要点

（1）居住区的等级规模

居住区的规划布局形式可采用居住区—小区—组团、居住区—组团、小区—组团及独立式组团多种类型。居住区按居住户数或人口规模可分为居住区、小区、组团三级。各级标准控制规模，应符合表 3-6 规定。

居住区分级控制规模 表 3–6

	居住区	小区	组团
户数（户）	10000 ~ 16000	3000 ~ 5000	300 ~ 1000
人口（人）	30000 ~ 50000	10000 ~ 15000	1000 ~ 3000

（2）住宅建筑布局

1）住宅日照标准应符合下列规定，对于特定情况还应符合下列规定（表 3-7）：

①老年人居住建筑不应低于冬至日日照 2 小时的标准；

②在原设计建筑外增加任何设施不应使相邻住宅原有日照标准降低；

③旧区改建的项目内新建住宅日照标准可酌情降低，但不应低于大寒日日照 1 小时的标准。

住宅建筑日照标准 **表 3–7**

<table>
<tr><td rowspan="2">建筑气候区划</td><td colspan="2">Ⅰ、Ⅱ、Ⅲ、Ⅶ 气候区</td><td colspan="2">Ⅳ气候区</td><td rowspan="2">Ⅴ、Ⅵ
气候区</td></tr>
<tr><td>大城市</td><td>中小城市</td><td>大城市</td><td>中小城市</td></tr>
<tr><td>日照标准日</td><td colspan="3">大寒日</td><td colspan="2">冬至日</td></tr>
<tr><td>日照时数 (h)</td><td>≥ 2</td><td colspan="2">≥ 3</td><td colspan="2">≥ 1</td></tr>
<tr><td>有效日照时间带 (h)</td><td colspan="3">8 ~ 16</td><td colspan="2">9 ~ 15</td></tr>
<tr><td>日照时间计算起点</td><td colspan="5">底层窗台面</td></tr>
</table>

2）住宅侧面间距，应符合下列规定：

①条式住宅，多层之间不宜小于 6m；高层与各种层数住宅之间不宜小于 13m；

②高层塔式住宅、多层和中高层点式住宅与侧面有窗的各种层数住宅之间应考虑视觉卫生因素，适当加大间距。

3）住宅净密度，应符合下列规定：

①住宅建筑净密度的最大值，不应超过下表 3-8 的规定。

②住宅建筑面积净密度的最大值，不宜超过表 3-9 的规定。

住宅建筑净密度控制指标（%） **表 3–8**

<table>
<tr><td rowspan="2">住宅层数</td><td colspan="3">建筑气候区划</td></tr>
<tr><td>Ⅰ、Ⅱ、Ⅵ、Ⅶ</td><td>Ⅲ、Ⅴ</td><td>Ⅳ</td></tr>
<tr><td>低层</td><td>35</td><td>40</td><td>43</td></tr>
<tr><td>多层</td><td>28</td><td>30</td><td>32</td></tr>
<tr><td>中高层</td><td>25</td><td>28</td><td>30</td></tr>
<tr><td>高层</td><td>20</td><td>20</td><td>22</td></tr>
</table>

注：混合层取两层的指标值作为控制指标的上、下限值。

住宅建筑面积净密度控制指标（万 m^2/hm^2） 表 3–9

<table>
<tr><th rowspan="2">住宅层数</th><th colspan="3">建筑气候区划</th></tr>
<tr><th>Ⅰ、Ⅱ、Ⅵ、Ⅶ</th><th>Ⅲ、Ⅴ</th><th>Ⅳ</th></tr>
<tr><td>低层</td><td>1.10</td><td>1.20</td><td>1.30</td></tr>
<tr><td>多层</td><td>1.70</td><td>1.80</td><td>1.90</td></tr>
<tr><td>中高层</td><td>2.00</td><td>2.20</td><td>2.40</td></tr>
<tr><td>高层</td><td>3.50</td><td>3.50</td><td>3.50</td></tr>
</table>

注：1. 混合层取两层的指标值作为控制指标的上、下限值；

2. 本表不计入地下层面积。

（3）公共设施

居住区公共服务设施按照居住区和居住小区两级配置。

居住区和居住小区级公共服务设施的设置水平，需与居住人口规模相适应。

相邻联系紧密的居住区或居住小区的公共服务设施，可结合城市级公共设施集中形成社区公共服务设施中心。

居住区或居住小区级的文化娱乐和体育设施宜相对集中，便于居民使用。

旧城区内居住区公共服务设施用地规模可按低限执行（表 3-10）。

城市公共设施规模 表 3–10

<table>
<tr><th rowspan="2">用地代码</th><th rowspan="2" colspan="2">项目名称</th><th colspan="2">一般规模(万 m^2/ 处)</th><th rowspan="2">服务规模（万人）</th><th colspan="2">配置级别及要求</th><th rowspan="2">配置说明</th></tr>
<tr><th>建筑面积</th><th>用地面积</th><th>居住区</th><th>居住小区</th></tr>
<tr><td rowspan="4">Red</td><td rowspan="4">普通高中</td><td>18 班</td><td>–</td><td>1.60 ~ 1.80</td><td>< 3.5</td><td>○</td><td></td><td>用地面积为 18 ~ 21 m^2/ 座</td></tr>
<tr><td>24 班</td><td>–</td><td>2.10 ~ 2.50</td><td>3.5 ~ 4.5</td><td></td><td></td><td>普通高中宜设 24 班、30 班或 36 班，每班 50 座</td></tr>
<tr><td>30 班</td><td>–</td><td>2.70 ~ 3.10</td><td>4.5 ~ 5.5</td><td></td><td></td><td>在人口不足 3.5 万人的独立地区，宜考虑设置 18 班普通高中</td></tr>
<tr><td>36 班</td><td>–</td><td>3.20 ~ 3.70</td><td>5.5 ~ 6.5</td><td></td><td></td><td></td></tr>
<tr><td rowspan="4">Rec</td><td rowspan="4">初中</td><td>18 班</td><td>–</td><td>1.30 ~ 1.60</td><td><3</td><td>●</td><td>○</td><td>用地面积为 15 ~ 18 m^2/ 座</td></tr>
<tr><td>24 班</td><td>–</td><td>1.80 ~ 2.10</td><td>3 ~ 4</td><td></td><td></td><td>初中宜设 24 班、30 班或 36 班，每班 50 座</td></tr>
<tr><td>30 班</td><td>–</td><td>2.20 ~ 2.70</td><td>4 ~ 5</td><td></td><td></td><td>初中应按其服务范围均匀布置，市区范围内初中的服务半径不宜大于 1000m。在人口不足 3 万人的独立地区，宜考虑设置 18 班</td></tr>
<tr><td>36 班</td><td>–</td><td>2.70 ~ 3.20</td><td>5 ~ 6</td><td></td><td></td><td></td></tr>
</table>

续表

用地代码	项目名称		一般规模（万 m²/处）		服务规模（万人）	配置级别及要求		配置说明
			建筑面积	用地面积		居住区	居住小区	
Ree	九年制	27 班	–	2.00 ~ 2.30	< 1.5	○	○	用地面积 15 ~ 17 m²/座
		36 班	–	2.70 ~ 3.00	1.5 ~ 2			新建地区在用地条件允许的前提下，可考虑小学与初中合并，建设九年一贯制学校。九年一贯制学校宜设 36 班、45 班或 54 班，每班 50 座。学校的服务半径宜控制在 1000m 范围内
		45 班	–	3.30 ~ 3.80	2 ~ 3			
		54 班	–	4.00 ~ 4.50	3 ~ 3.5			
Reb	小学	18 班	–	1.10 ~ 1.30	<1.5		●	用地面积 4 ~ 17 m²/座
		24 班	–	1.50 ~ 1.80	1.5 ~ 2			小学宜设 24 班、30 班或 36 班，每班 45 座。小学应按其服务范围均衡布置，服务半径不宜大于 600m。在不足 1.5 万人的独立地区宜设置 18 班小学。小学的设置应避免学生上学穿越城市干道和铁路，不宜与商场、市场、公共娱乐场所及医院太平间等场所毗邻。小学的运动场与邻近住宅宜保留一定的间隔
		30 班	–	1.80 ~ 2.30	2 ~ 2.5			
		36 班	–	2.20 ~ 2.70	2.5 ~ 3			
Rea	幼儿园	6 班	–	0.18 ~ 0.21	< 0.7		●	用地面积 10 ~ 12 m²/座
		9 班	–	0.27 ~ 0.32	0.7 ~ 1			幼（托）儿园宜设 6 班、9 班、12 班或 18 班。每班 30 座。幼（托）儿园应按其服务范围均衡分布，服务半径宜为 500m。幼（托）儿园应独立占地，有独立院落和出入口
		12 班	–	0.36 ~ 0.43	1 ~ 1.5			
		18 班	–	0.54 ~ 0.65	1.5 ~ 2			

（4）绿地

居住区内绿地，应包括公共绿地、宅旁绿地、配套公建所属绿地和道路绿地，其中包括了满足当地植树绿化覆土要求，方便居民出入的地上或半地下建筑的屋顶绿地。绿地率：新区建设不应低于 30%；旧区改建不宜低于 25%。

（5）道路

居住区道路：红线宽度不宜小于 20m。

小区路：路面宽6～9m；建筑控制线之间的宽度，需敷设供热管线的不宜小于14m，无供热管线的不宜小于10m;

组团路：路面宽3～5m；建筑控制线之间的宽度，需敷设供热管线的不宜小于10m，无供热管线的不宜小于8m；

宅间小路：路面宽不宜小于2.5m。

小区内主要道路至少应有两个出入口；居住区内主要道路至少应有两个方向与外围道路相连；机动车道对外出入口间距不应小于150m。沿街建筑物长度超过150m时，应设不小于4m×4m的消防车通道。人行出口间距不宜超过80m，当建筑物长度超过80m时，应在底层加设人行通道。

居住区内尽端式道路的长度不宜大于120m，并应在尽端设不小于12m×12m的回车场地。

3.3.3 城市道路交通规划设计规范要点

（1）城市道路系统

1）一般规定

①城市道路系统规划应满足客、货车流和人流的安全与畅通；反映城市风貌，城市历史和文化传统；为地上、地下工程管线和其他市政基础设施提供空间，满足城市救灾避难和日照通风的要求。

②城市道路交通规划应符合人与车交通分行，机动车与非机动交通分道的要求。

③城市道路应分为快速路、主干路、次干路和支路四类。

④城市道路用地面积应占城市建设用地面积的8%～15%。对规划人口在200万以上的大城市，宜为15%～20%。

⑤规划城市人口人均占有道路用地面积宜为7～15m^2。其中：道路用地面积宜为6.0～13.5m^2/人，广场面积宜为0.2～0.5m^2/人，公共停车场面积宜为0.8～1.0m^2/人。

⑥城市道路中各类道路的规划指标应符合表3-11和表3-12的规定。

2）城市道路网布局

①城市道路布局应适应城市用地扩展，并有利于向机动化和快速交通的方向发展。

②分片区开发的城市，各相邻片区之间至少应有两条道路相贯通。

③城市主要出入口每个方向应有两条对外放射的道路。七度地震设防的城市每个方向应有不少于两条对外放射的道路。

④城市环路应符合以下规定：

（a）内环路应设置在老城区或市中心区的外围；

（b）外环路应设置在城市用地的边界内1～2km处，当城市放射的干路与外环路相交时，应规划好交叉口上的左转交通；

（c）环路设置，应根据城市地形，交通的流量、流向确定，可采用半环或全环；

大、中城市道路网规划指标 **表 3–11**

项目	城市规模与人口（万人）		快速路	主干路	次干路	支路
机动车设计速度 (km/h)	大城市	>200	80	60	40	30
		≤ 200	60 ~ 80	40 ~ 60	40	30
	中等城市		–	40	40	30
道路网密度 (km/km^2)	大城市	>200	0.4 ~ 0.5	0.8 ~ 1.2	1.2 ~ 1.4	3 ~ 4
		≤ 200	0.3 ~ 0.4	0.8 ~ 1.2	1.2 ~ 1.4	3 ~ 4
	中等城市		–	1.0 ~ 1.2	1.2 ~ 1.4	3 ~ 4
道路中机动车车道条数（条）	大城市	>200	6 ~ 8	6 ~ 8	4 ~ 6	3 ~ 4
		≤ 200	4 ~ 6	4 ~ 6	4 ~ 6	2
	中等城市		–	4	2 ~ 4	2
道路宽度 (m)	大城市	>200	40 ~ 45	45 ~ 55	40 ~ 50	15 ~ 30
		≤ 200	35 ~ 40	40 ~ 50	30 ~ 45	15 ~ 20
	中等城市		–	35 ~ 45	30 ~ 40	15 ~ 20

小城市道路网规划指标 **表 3–12**

项目	城市人口（万人）	干路	支路
机动车设计速度 (km/h)	>5	40	20
	1 ~ 5	40	20
	<1	40	20
道路网密度 (km/km^2)	>5	3 ~ 4	3 ~ 5
	1 ~ 5	4 ~ 5	4 ~ 6
	<1	5 ~ 6	6 ~ 8
道路中机动车车道条数（条）	>5	2 ~ 4	2
	1 ~ 5	2 ~ 4	2
	<1	2 ~ 3	2
道路宽度 (m)	>5	25 ~ 35	12 ~ 15
	1 ~ 5	25 ~ 35	12 ~ 15
	<1	25 ~ 30	12 ~ 15

（d）环路的等级不宜低于主干路。

⑤山区城市道路网规划应符合下列规定：

（a）道路网应平行等高线设置，并应考虑防洪要求。主干路宜设在谷地或坡面上。双向交通的道路宜分别设置在不同的标高上。

（b）山区城市道路网的密度宜大于平原城市。

⑥市中心区的建筑容积率达到 8 时，支路网密度宜为 12 ～ 16km/km²；一般商业集中地区的支路网密度宜为 10 ～ 12km/km²。

⑦次干路和支路网宜划成 1 ∶ 2 ～ 1 ∶ 4 的长方格；沿交通主流方向应加大交叉口的间距。

⑧道路网节点上相交道路的条数宜为 4 条，并不得超过 5 条。道路宜垂直相交，最小夹角不得小于 45°。

⑨应避免设置错位的 T 字形路口。已有的错位 T 字形路口，在规划时应改造。

3）城市道路

①快速路规划应符合下列要求：

（a）规划人口在 200 万以上的大城市和长度超过 30km 的带形城市应设置快速路。快速路应与其他干路构成系统，与城市对外公路有便捷的联系。

（b）快速路上的机动车道两侧不应设置非机动车道。机动车道应设置中央隔离带。

（c）与快速路交汇的道路数量应严格控制。

（d）快速路两侧不应设置公共建筑出入口。快速路穿过人流集中的地区，应设置人行天桥或地道。

②主干路规划应符合下列要求：

（a）主干路上的机动车与非机动车应分道行驶；交叉口之间分隔机动车与非机动车的分隔带宜连续；

（b）主干路两侧不宜设置公共建筑物出入口。

③次干路两侧可设置公共建筑物，并可设置机动车和非机动车的停车场、公共交通站点和出租汽车服务站。

④支路规划应符合下列要求：

（a）支路应与次干路和居住区、工业区、市中心区、市政公用设施用地、交通设施用地等内部道路相连接。

（b）支路可与平行快速路的道路相接，但不得与快速路直接相接。在快速路两侧的支路需要连接时，应采用分离式立体交叉跨过或穿过快速路。

（c）支路应满足公共交通线路行驶的要求。

⑤城市道路规划，应与城市防灾规划相结合，并应符合下列规定：

（a）地震设防的城市，应保证震后城市道路和对外公路的交通畅通，并应符合下列要求：

a）干路两侧的高层建筑应由道路红线向后退 10~15m；

b）新规划的压力主干管不宜设在快速路和主干路的车行道下面；

c）路面宜采用柔性路面；

d）道路立体交叉口宜采用下穿式；

e）道路网中宜设置小广场和空地，并应结合道路两侧的绿地，划定疏散避难用地。

（b）山区或湖区定期受洪水侵害的城市，应设置通向高地的防灾疏散道路，并适当增加疏散方向的道路网密度。

⑥城市广场

（a）全市车站、码头的交通集散广场用地总面积，可按规定城市人口每人 0.07~0.10m^2 计算。

（b）车站、码头前的交通集散广场的规模由聚集人流量决定，集散广场的人流密度宜为 0.07~0.10m^2。

（c）车站、码头前的交通集散广场上供旅客上下车的停车点，距离进出口不宜大于 50m；允许车辆短暂停留，但不得长时间存放。机动车和非机动车的停车场应设置在集散广场外围。

（d）城市游憩集会广场用地的总面积，可按规划城市人口每人 0.13~0.40m^2 计算。

（e）城市游憩集会广场不宜太大。市级广场每处宜为 4 万 ~10 万 m^2；区级广场每处宜为 1 万 ~3 万 m^2。

（2）城市道路交通设施

1）城市公共停车场

①城市公共停车场应分外来机动车公共停车场、市内机动车公共停车场和自行车公共停车场三类，其用地总面积可按规划城市人口每人 0.8~1.0m^2 计算。其中：机动车停车场的用地宜为 80%~90%，自行车停车场的用地宜为 10%~20%。市区宜建停车楼或地下停车库。

②市内机动车公共停车场停车位数的分布：在市中心和分区中心地区，应为全部停车位数的 50%~70%；在城市对外道路的出入口地区应为全部停车位数的 5%~10%；在城市其他地区应为全部停车位数的 25%~40%。

③机动车公共停车场的服务半径，在市中心地区不应大于 200m；一般地区不应大于 300m；自行车公共停车场的服务半径宜为 50~100m，并不得大于 200m。

④机动车每个停车位的存车量以一天周转 3~7 次计算；自行车每个停车位的存车量以一天周转 5~8 次计算。

⑤机动车公共停车场用地面积，宜按当量小汽车停车位数计算。地面停车场用地面积，每个停车位宜为 25~30m^2；停车楼和地下停车库的建筑面积，每个停车位宜为 30~35m^2。摩托车停车场用地面积，每个停车位宜为 2.5~2.7m^2。自行车公共停车场用地面积，每个停车位宜为 1.5~1.8m^2。

⑥机动车公共停车场出入口的设置应符合下列规定：

（a）出入口应符合行车视距的要求，并应右转出入车道；

（b）出入口应距离交叉口、桥隧坡道起止线 50m 以外；

（c）少于 50 个停车位的停车场，可设一个出入口，其宽度宜采用双车道；50~300

个停车位的停车场，应设两个出入口；大于300个停车位的停车场，出口和入口应分开设置，两个出入口之间的距离应大于20m。

（d）大型体育设施和大型文娱设施的机动车停车场和自行车停车场应分组布置。其停车场出口的机动车和自行车的流线不应交叉，并应与城市道路顺向衔接。

2）公共加油站

①城市公共加油站的服务半径宜为0.9~1.2km。

②城市公共加油站应大、中、小相结合，以小型站为主，其用地面积应符合表3-13的规定。

公共加油站的用地面积（万 m^2） 表3–13

昼夜加油的车次数	300	500	800	1000
用地面积（万 m^2）	0.12	0.18	0.25	0.30

③城市公共加油站的进出口宜设在次干路上，并附设车辆等候加油的停车道。

④附设机械化洗车的加油站，应增加用地面积160~200m^2。

3.3.4 城市用地竖向规划规范要点

（1）规划地面形式

1）根据城市用地的性质、功能，结合自然地形，规划地面形式可分为平坡式、台阶式和混合式。

2）用地自然坡度小于5%时，宜规划为平坡式；用地自然坡度大于8%时，宜规划为台阶式。

3）台阶式和混合式中的台地规划应符合下列规定：

①台地划分应与规划布局和总平面布置相协调，应满足使用性质相同的用地或功能联系密切的建（构）筑物布置在同一台地或相邻台地的布局要求。

②台地的长边应平行于等高线布置。

③台地高度、宽度和长度应结合地形并满足使用要求确定。台地的高度宜为1.5~3.0m。

4）城市主要建设用地适宜规划坡度应符合表3-14的规定。

（2）竖向与平面布局

城市用地选择及用地布局应充分考虑竖向规划的要求，并应符合下列规定：

①城市中心区用地应选择地质及防洪排涝条件较好且相对平坦和完整的用地，自然坡度应小于15%；

②居住用地应选择向阳、通风条件好的用地，自然坡度应小于30%；

城市主要建设用地适宜规划坡度 表 3–14

用地名称	最小坡度（%）	最大坡度（%）
工业用地	0.2	10
仓储用地	0.2	10
铁路用地	0	2
港口用地	0.2	5
城市道路用地	0.2	5
居住用地	0.2	25
公共设施用地	0.2	20
其他	–	–

③工业、仓储用地宜选择便于交通组织和生产工艺流程组织的用地，自然坡度宜小于 15%；

④城市开敞空间用地宜利用填方较大的区域。

（3）竖向与道路广场

道路规划纵坡和横坡的确定，应符合下列规定：

1）机动车车行道规划纵坡应符合表 3-15 的规定；海拔 3000~4000m 的高原城市道路的最大纵坡不得大于 6%。

机动车车行道规划纵坡 表 3–15

道路类别	最小纵坡（%）	最大纵坡（%）	最小坡长（m）
快速路	0.2	4	290
主干路		5	170
次干路		6	110
支（街坊）路		8	60

2）非机动车车街道规划纵坡宜小于 2.5%。机动车与非机动车混行道路，其纵坡应按非机动车车行道的纵坡取值。

3）道路的横坡应为 1%~2%。

4）广场竖向规划除满足自身功能要求外，尚应与相邻道路和建筑物相衔接。广场的最小坡度为 0.3%；最大坡度平原地区应为 1%，丘陵和山区应为 3%。

（4）竖向与排水

1）城市用地应结合地形、地质、水文条件及年均降雨量等因素合理选择地面排水方式，并与用地防洪、排涝规划相协调。

2）城市用地地面排水应符合下列规定：

①地面排水坡度不宜小于0.2%；坡度小于0.2%时宜采用多坡向或特殊措施排水；

②地面的规划高程应比周边道路的最低路段高程高出0.2m以上；

③用地的规划高程应高于多年平均地下水位。

3）雨水排出口内顶高程宜高于受纳水体的多年平均水位，有条件时宜高于设计防洪（潮）水位。

3.3.5 常用的市政工程规划规范要点

（1）城市给水工程规划规范

1）城市用水量

①城市用水量应由下列两部分组成：

第一部分应为规划期内由城市给水工程统一供给的居民生活用水、工业用水、公共设施用水及其他用水水量的总和。

第二部分应为城市给水工程统一供给以外的所有用水水量的总和。其中应包括：工业和公共设施自备水源供给的用水、河湖环境用水航道用水、农业灌溉和养殖及畜牧业用水、农村居民和乡镇企业用水等。

②城市给水工程统一供给的用水量预测宜采用表3-16和表3-17中的指标。

城市单位人口综合用水量指标［万 m^3／（万人·d）］ **表3-16**

区域	城市规模			
	特大城市	大城市	中等城市	小城市
一区	0.8～1.2	0.7～1.1	0.6～1.0	0.4～0.8
二区	0.6～1.0	0.5～0.8	0.35～0.7	0.3～0.6
三区	0.5～0.8	0.4～0.7	0.3～0.6	0.25～0.5

注：1. 特大城市指市区和近郊区非农业人口100万及以上的城市；大城市指市区和近郊区非农业人口50万及以上不满100万的城市；中等城市指市区和近郊区非农业人口20万及以上不满50万的城市；小城市指市区和近郊区非农业人口不满20万的城市。

2. 一区包括：贵州、四川、湖北、湖南、江西、浙江、福建、广东、广西、海南、上海、云南、江苏、安徽、重庆；二区包括：黑龙江、吉林、辽宁、北京、天津、河北、山西、河南、山东、宁夏、陕西、内蒙古河套以东和甘肃黄河以东的地区；三区包括：新疆、青海、西藏、内蒙古河套以西和甘肃黄河以西的地区。

城市单位建设用地综合用水量指标［万 m^3／（km^2·d）］ **表3-17**

区域	城市规模			
	特大城市	大城市	中等城市	小城市
一区	1.0～1.6	0.8～1.4	0.6～1.0	0.4～0.8
二区	0.8～1.2	0.6～1.0	0.4～0.7	0.3～0.6
三区	0.6～1.0	0.5～0.8	0.3～0.6	0.25～0.5

注：本表指标已包括管网漏失水量。

③城市给水工程统一供给的综合生活用水量的预测，应根据城市特点、居民生活水平等因素确定。人均综合生活用水量宜采用表3-17中的指标（综合生活用水为城市居民日常生活用水和公共建筑用水之和，不包括浇洒道路、绿地、市政用水和管网漏失水量）。

④在城市总体规划阶段，估算城市给水工程统一供水的给水干管管径或预测分区的用水量时，可按照下列不同性质用水量指标确定。

2）给水范围和规模

①城市给水工程规划范围应和城市总体规划范围一致。

②当城市给水水源地在城市规划区以外时，水源地和输水管线应纳入城市给水工程规范范围。当输水管线途经的城镇须由同一水源供水时，应进行统一规划。

③给水规模应根据城市给水工程统一供给的城市最高日用水量确定。

④城市中用水量大且水质要求低于现行国家标准《生活饮用水卫生标准》GB 5749的工业和公共设施，应根据城市供水现状、发展趋势、水资源状况等因素进行综合研究，确定由城市给水工程统一供水或自备水源供水。

（2）城市排水工程规划规范

1）排水体制

①城市排水体制应分为分流制与合流制两种基本类型。

②城市排水体制应根据城市总体规划、环境保护要求，当地自然条件（地理位置、地形及气候）和废水受纳体条件，结合城市污水的水质、水量及城市原有排水设施情况，经综合分析比较确定。同一个城市的不同地区可采用不同的排水体制。

2）排水量和规模

①城市污水量

（a）城市污水量由城市给水工程统一供水的用户和自备水源供水的用户排出的城市综合生活污水量和工业废水量组成。

（b）城市污水量宜根据城市综合用水量（平均日）乘以城市污水排放系数确定。

（c）污水排放系数应是在一定的计量时间（年）内的污水排放量与用水量（平均日）的比值。按城市污水性质的不同可分为：城市污水排放系数、城市综合生活污水排放系数和城市工业废水排放系数（表3-18）。

（d）城市污水处理厂位置的选择宜符合下列要求：

城市分类污水排放系数 **表3–18**

城市污水分类	污水排放系数
城市污水	0.70～0.80
城市综合生活污水	0.80～0.90
城市工业废水	0.70～0.90

注：工业废水排放系数不含石油、天然气开采业和煤炭与其他矿采选业以及电力蒸汽热水产工业废水排放系数，其数据应按厂、矿区的气候、水文地质条件和废水利用、排放方式确定。

a）在城市水系的下游并应符合供水水源防护要求；

b）在城市夏季最小频率风向的上风侧；

c）与城市规划居住区、公共设施保持一定的卫生防护距离；

d）靠近污水、污泥的排放和利用地段；

e）应有方便的交通、运输和水电条件。

②城市雨水量

（a）城市雨水量计算应与城市防洪、排涝系统规划相协调。

（b）雨水量应按下式计算确定：

$$Q=q\cdot\psi\cdot F$$

式中 Q——雨水量（L/s）；

q——雨强度 [L/(s·h)]；

ψ——径流系数；

F——汇水面积（ha）。

（c）城市暴雨强度计算应采用当地的城市暴雨强度公式。当规划城市无上述资料时，可采用地理环境及气候相似的邻近城市的暴雨强度公式。

③排水规模

（a）城市污水工程规模和污水处理厂规模应根据平均日污水量确定。

（b）城市雨水工程规模应根据城市雨水汇水面积和暴雨强度确定。

（3）城市电力规划规范

1）城市用电负荷

按城市全社会用电分类，城市用电负荷宜分为：农、林、牧、副、渔、水利业用电，工业用电，地质普查和勘探业用电，建筑业用电，交通运输、邮电通信业用电，商业、公共饮食、物资供销和金融业用电，其他事业用电，城乡居民生活用电。

城市用电负荷也可分为以下四类：第一产业用电，第二产业用电，第三产业用电，城乡居民生活用电。

2）规划用电指标

城市电力总体规划或电力分区规划，当采用负荷密度法进行负荷预测时，其居住、公共设施、工业三大类建设用地的规划单位建设用地负荷指标的选取，应根据三大类建设用地中所包含的建设用地小类类别、数量、负荷特征，并结合所在城市三大类建设用地的单位建设用地用电现状水平和表 3-19 规定，经综合分析比较后选定。

3）城市电力详细规划阶段的负荷预测，当采用单位建筑面积负荷指标法时，其居住建筑、公共建筑、工业建筑三大类建筑的规划单位建筑面积负荷指标的选取，应根据三大类建筑中所包含的建筑小类类别、数量、建筑面积（或用地面积、容积率）、建筑标准、功能及各类建筑用电设备配置的品种、数量、设施水平等因素，结合当地各类建筑单位建筑面积负荷现状水平和表 3-20 规定，经综合分析比较后选定。

规划单位建设用地负荷指标 表 3–19

城市建设用地用电类别	单位建设用地负荷指标 (kW/hm^2)
居住用地用电	100 ~ 400
公共设施用地用电	300 ~ 1200
工业用地用电	200 ~ 800

规划单位建筑面积负荷指标 表 3–20

建筑用电类别	单位建筑面积负荷指标 (W/m^2)
居住建筑用电	20 ~ 60W/m^2（1.4 ~ 4kW/ 户）
公共建筑用电	30 ~ 120
工业建筑用电	20 ~ 80

4）规划新建城市变电所的结构形式选择，宜符合下列规定：

①布设在市区边缘或郊区、县的变电所，可采用布置紧凑、占地较少的全户外式或半户外式结构；

②市区内规划新建的变电所，宜采用户内式或半户外式结构；

③市中心地区规划新建的变电所，宜采用户内式结构；

④在大、中城市的超高层公共建筑群区、中心商务区及繁华金融、商贸街区规划新建的变电所，宜采用小型户内式结构；变电所可与其他建筑物混合建设，或建设地下变电所。

5）城市电力线路

市区 35 ~ 500kV 高压架空电力线路规划走廊宽度（单杆单回水平排列或单杆多回垂直排列）见表 3-21。

（4）供热

1）热负荷的种类

根据热负荷的最终用途，热负荷分为室温调节、生活热水、生产用热三大类。根据

线路电压 表 3–21

等级 (kV)	高压线走廊宽度 (m)
500	60 ~ 75
330	35 ~ 45
220	30 ~ 40
66，110	15 ~ 25
35	15 ~ 20

热负荷的性质可分为民用热负荷和工业热负荷。根据用热时间规律分为季节性热负荷和全年性热负荷。

2）热负荷的计算（表 3-22）

①采暖热负荷

$$Qn = q \cdot A \cdot 10^{-3}$$

式中：Qn——采暖热负荷，kW；

q——采暖热指标，W/m，可按下表取用；

A——采暖建筑物的建筑面积，m^2。

采暖热指标推荐值 表 3–22

建筑物类型	住宅	居住区综合	学校办公	医院托幼	旅馆	商店	食堂餐厅	影剧院	大礼堂体育馆
热指标（W/m^2）	58 ~ 64	60 ~ 67	60 ~ 80	65 ~ 80	60 ~ 70	65 ~ 80	115 ~ 140	95 ~ 115	115 ~ 165

②生活用水热负荷

$$\text{生活热水最大热负荷 } Qs_{max} = k_2 Qsp$$

式中：Qs_{max}——生活热水最大热负荷，kW；

Qsp——生活热水平均热负荷，kW；

k_2——小时变化系数，根据用水单位数按《建筑给水排水设计规范》GBJ 15 规定取用（表 3-23）。

居住区采暖期生活热水热指标 表 3–23

用水设备	热指标（W/ m^2）
住宅无生活设备，只对公共建筑供热水时	2.5 ~ 3
全部住宅有浴盆并供给生活热水时	15 ~ 20

注：冷水温度较高时采用较小值，冷水温度较低时采用较大值；热指标中已包括约 10% 的管网热损失在内。

3）供热介质

对民用建筑物采暖、通风、空调及生活热水热负荷供热的城市热力网应采用水作供热介质。工业用热中某些生产工艺要求采用蒸汽作供热介质。以热电厂或大型区域锅炉房为热源时，设计供水温度可取 110 ~ 150°C，回水温度不应高于 70°C。

4）热力网形式

热水热力网宜采用闭式双管制。以热电厂为热源的热水热力网，同时有生产工艺、采暖、通风、空调、生活热水多种热负荷，各热负荷所需供热介质参数相差较大，或季节性热负荷占总热负荷比例较大，可采用闭式多管制。若当地具有水处理费用较低的丰富的补给水资源或者具有与生活热水热负荷相适应的廉价低位能热源，可采用开式热力网。

蒸汽热力网的蒸汽管道，宜采用单管制。各用户间所需蒸汽参数相差较大或季节性热负荷占总热负荷比例较大且技术经济合理或者热负荷分期增长的情况下，可采用双管或多管制。

5）管网布置与敷设

①城市道路上的热力网管道应平行于道路中心线，并宜敷设在车行道以外的地方，同一条管道应只沿街道的一侧敷设；选线时宜避开土质松软地区、地震断裂带、滑坡危险地带以及高地下水位区等不利地段。

②热力管道可与自来水管道、10kV以下的电力电缆、通信线路、压缩空气管道、压力排水管道和重油管道一起敷设在综合管沟内。但热力管道应高于自来水管道和重油管道，并且自来水管道应做绝热层和防水层。

③城市街道上和居住区内的热力网管道宜采用地下敷设。当地下敷设困难时，可采用地上敷设。

④热水热力网管道地下敷设时，应优先采用直埋敷设；热水或蒸汽管道采用管沟敷设时，应首选不通行管沟敷设；穿越不允许开挖检修的地段时，应采用通行管沟敷设；当采用通行管沟困难时，可采用半通行管沟敷设。蒸汽管道采用管沟敷设困难时，可采用保温性能良好、防水性能可靠、保护管耐腐蚀的预制保温管直埋敷设，其设计寿命不应低于25年。

⑤燃气管道不得进入热力网管沟。当自来水排水管道或电缆与热力网管道交叉必须穿入热力网管沟时，应加套管或用厚度不小于100mm的混凝土防护层与管沟隔开，同时不得妨碍热力管道的检修及地沟排水。套管应伸出管沟以外，每侧不应小于1m。

6）中继泵站与热力站

①中继泵站、热力站应降低噪声，不应对环境产生干扰。当中继泵站、热力站设备的噪声较高时，应加大与周围建筑物的距离，或采取降低噪声的措施。

②蒸汽热力站应根据生产工艺、采暖、通风、空调及生活热负荷的需要设置分汽缸，蒸汽主管和分支管上应装设阀门。当各种负荷需要不同的参数时，应分别设置分支管、减压减温装置和独立安全阀。

（5）燃气

1）燃气负荷的分类和用气指标

①城市燃气负荷的分类

城市燃气负荷根据用户性质不同分为民用燃气负荷和工业燃气负荷两大类。民用燃气负荷又分为居民生活用气负荷和公建用气负荷。设计用气量应根据当地供气原则和条件确定，包括：居民生活用气量、商业用气量、工业企业生产用气量、采暖通风和空调用气量、燃气汽车用气量、其他用气量。当电站采用城镇燃气发电或供热时，尚应包括电站用气量。计算用气符合时，还应考虑到未预见用气量。

②用气指标（表 3-24、表 3-25）

城镇居民生活用气量指标（MJ／人·年） 表 3–24

城镇地区	有集中供暖的用户	无集中供暖的用户
东北地区	2303 ~ 2721	1884 ~ 2303
华东、中南地区	–	2093 ~ 2303
北京	2721 ~ 3140	2512 ~ 2931
成都	–	2512 ~ 2931
上海	–	2303 ~ 2512

注：本表系指一户装有一个煤气表的居民用户在住宅内做饭和热水的用气量，不适用于瓶装液化气居民用户。“采暖”系指非燃气采暖。燃气热值按低热值计算。

几种公共建筑用气量指标 表 3–25

类别		单位	用气量指标
职业食堂		MJ／（人·年）	1884 ~ 2303
饮食业		MJ／（座·年）	7955 ~ 9211
托儿所幼儿园	全托	MJ／（人·年）	1884 ~ 2512
	半托	MJ／（人·年）	1256 ~ 1675
医院		MJ／（床位·年）	2931 ~ 4187
旅馆招待所	有餐厅	MJ／（床位·年）	3350 ~ 5024
	无餐厅	MJ／（床位·年）	670 ~ 1047
高级宾馆		MJ／（床位·年）	8374 ~ 10467
理发		MJ/(人·次)	3.35 ~ 4.19

注：职工食堂用气量指标包括副食和热水在内。燃气热值按低热值计算。

以上两表引自高等学校系列教材《城市工程系统规划》（中国建筑工业出版社）。在使用中尚需注意：要区分用户有无集中采暖设备。有集中采暖设备的用户一般比无集中采暖设备用户的年用气量高 10%~20%；表 3-24 中所列指标不适用于瓶装液化气居民用户，瓶装液化气耗量一般为 10~20kg/（户·月）；表 3-24 中所列指标未包括燃气热水器的用气定额，若考虑这部分用气，则用气定额需加倍，约 5320 MJ/（人·年）。

2）燃气气源设施

城市供气气源主要有：煤气制气厂、天然气门站、液化石油气供应基地及煤气发生站、液化石油气气化站等。

气源选址应符合下列要求：

①符合城镇总体规划的要求；

②具有适宜的地形、工程地质、供电、给水排水、通信和交通运输等条件，避开地质不良和受洪涝灾害威胁地段；

③宜位于当地全年最小风频风向的上风侧，地势平坦开阔，不易积存可燃气体；

④宜远离名胜古迹、油库、桥梁、机场、铁路枢纽、通信设施；

⑤与周围的建、构筑物的防火间距应符合现行国家标准《建筑设计防火规范》GB 50016 的有关规定。

3）燃气输配系统

①城镇燃气输配系统是从气源到用户间一系列输送、分配、储存设施和管网的总称。一般由门站、燃气管网、储气设施、调压设施、管理设施、监控系统等组成。

②城镇燃气输配管网的形制

城镇燃气输配管网按布局方式分为环状管网系统和枝状管网系统。为保证对各区域双向供气，提高供气可靠性，输气干管宜布置为环状。通往用户的配气管一般为枝状。

城镇燃气输配管网按系统中管网的压力级制数量分为一级管网系统、二级管网系统、三级管网系统和混合管网系统。燃气输配系统压力级制的选择，应充分考虑供气的可靠性、安全性、适用性和经济性，综合燃气供应来源、用户的用气量及其分布、地形地貌、管材设备供应条件、施工和运行等因素确定。

③燃气输配设施

（a）燃气储配站

燃气储配站主要有三个功能：储存必要的燃气量以调峰；混合燃气以达到适合的热值等燃气指标；加压以保证输配管网内适当的压力。供气规模较小的城市一般设一座储配站，可与气源厂合设。供气规模较大和供气范围较广的城市，可根据需要设两座或两座以上的储配站。厂外储配站位置一般在城市与气源厂相对的位置，即对置储配站（表 3-26）。

储配站用地指标表 **表 3–26**

项目	单位	罐容（万 m^3）											
		1.0	2.0	3.0	5.0	7.5	10.0		15.0		20.0		30.0
储罐	座 × 罐容	1×1.0	1×2.0	1×3.0	1×5.0	1×7.5	1×10.0	2×5.0	1×15.0	2×7.5	1×20.0	2×10.0	2×15.0
占地	hm^2	0.6～0.8	0.7～0.9	0.9～1.1	1.1～1.5	1.3～1.8	1.6～2.0	2.0～2.6	2.2～2.6	2.4～3.0	2.4～3.0	3.0～3.8	4.0～4.8

（b）调压站

调压站是城市燃气管网各种压力级制之间的压力转换设施，具有稳压和调压功能。

按性质分为区域调压站、用户调压站和专用调压站。按调节压力范围分为高中压调压站、高低压调压站、中低压调压站。调压站占地面积约10余平方米，箱式调压器可以安装在建筑外墙上。调压站宜布置在负荷中心，避开人流量大的地区，供气半径以500m为宜。

（c）液化石油气瓶装供应站

若条件允许，液化石油气应尽量实行区域管道供应，输配方式为液化石油气供应基地→气化站（或混气站）→用户。

瓶装供应站主要为居民用户和小型公建服务，供气规模以5000~7000户为宜，一般不超过1万户；占地面积一般为500~600m²，供气半径一般不超过0.5～1.0km。

④城镇燃气输配管网的布置

高压、中压A管网由于工作压力高、危险性大，宜布置在城市边缘或规划道路上，避开居民点；

中压管网是城市输气干管，网路较密，宜敷设在市内非繁华干道上，中压环线边长一般2～3km；

低压管网是城市配气管网，网格边长以300m为宜。

（6）电信

1）通信需求量的预测

城市通信需求量与城市现状通信水平、城市性质、城市规模、人口规模、经济发展目标、产业结构等因素密切相关。城市邮政设施的种类、规模、数量主要依据通信总量邮政年业务收入来确定。电话需求量和业务量的预测主要依据电话普及率来确定。

总体规划阶段可依据单耗指标法，主要考虑：住宅电话每户一部，非住宅电话（业务办公电话）一般占住宅电话的1/3；电话局、站设备容量的占用率（实装率）近期为50%，中期为80%，远期为85%（均指程控设备）；住宅人口每部3～3.5人，每户住宅建筑面积60～80m²；每处电话端局的终期容量为4万～6万门。

详细规划阶段可按表3-27中提供的每对电话主线所服务的建筑面积来确定电话容量。除此之外，还应参考有关居住区市政公用设施配套的千人指标规定。

每对电话主线所服务的建筑面积　　**表3–27**

建筑性质	办公	商业	旅馆	多层住宅	高层住宅	幼托	学校	医院	文化娱乐	仓库
建筑面积（m²）	20～25	30～40	35～40	60～80	80～100	85～95	90～110	100～120	110～130	150～200

2）邮政局所的设置

邮政局所要根据人口密度和地理条件所确定的不同的服务人口数、服务半径、业务收入三项基本要素来确定。城市邮政服务网点设置的参考标准如表3-28所示。

邮政服务网点设置参考值　　表 3–28

城市人口密度（万人 /km²）	服务半径（km）
＞2.5	0.5
2.0 ~ 2.5	0.51 ~ 0.6
1.5 ~ 2.0	0.61 ~ 0.7
1.0 ~ 1.5	0.71 ~ 0.8
0.5 ~ 1.0	0.81 ~ 1
0.1 ~ 0.5	1.01 ~ 2
0.05 ~ 0.1	2.01 ~ 3

邮政通信枢纽的选址要求：局址应在火车站一侧，靠近火车站台，有接发火车邮件的邮运通道；交通便利，方便运输车辆进出；有方便的供电、给排水、供热条件；地形平坦，地质条件良好；满足城市规划要求和邮政通信安全要求。

邮政局所一般设置在闹市区、居民集聚区、文化游览区、公共活动场所、大型工矿企业、大专院校所在地。

邮政局所的占地面积可依据《城市居住区规划设计规范》（GB 50180—93）中的相关规定：居住区级的金融、邮电设施（含银行、邮电局）千人指标为 25 ~ 50 m²/ 千人。

3）电信话局所的设置

电信局所的选址应充分考虑下列要求：

①地质良好，环境安全，避开地质危险和易受洪涝灾害地段；

②卫生条件良好，不宜位于生产过程中散发有害气体和较多的烟雾、粉尘、有害物质的工矿企业附近；

③环境安静，不宜选在城市闹市区、城市广场、影剧院、停车场、火车站，以及有较大震动和噪声的工矿企业附近；

④应考虑到邻近的高压电站、电气化铁路、广播电视、雷达、无线电发射台等干扰源的影响。

3.3.6　城市工程管线综合规划规范要点

编制工程管线综合规划设计时，应减少管线在道路叉口处交叉。当工程管线竖向位置发生矛盾时，宜按下列规定处理（表 3-29、表 3-30）：

（1）压力管线让重力自流管线；

（2）可弯曲管线让不易弯曲管线；

（3）分支管线让主干管线；

（4）小管径管线让大管径管线。

架空管线之间及其与建（构）筑物之间的最小水平净距（m） 表 3–29

名 称		建筑物（凸出部分）	道路（路缘石）	铁路（轨道中心）	热力管线
电力	10kV 边导线	2.0	0.5	杆高加 3.0	2.0
	35kV 边导线	3.0	0.5	杆高加 3.0	4.0
	110kV 边导线	4.0	0.5	杆高加 3.0	4.0
电信杆线		2.0	0.5	4/3 杆高	1.5
热力管线		1.0	1.5	3.0	—

架空管线之间及其与建（构）筑物之间交叉时的最小垂直净距（m） 表 3–30

名 称		建筑物（顶端）	道路（地面）	铁路（轨顶）	电信线		热力管线
					电力线有防雷装置	电力线无防雷装置	
电力管线	10kV 以下	3.0	7.0	7.5	2.0	4.0	2.0
	35 ~ 110kV	4.0	7.0	7.5	3.0	5.0	3.0
电信线		1.5	4.5	7.0	0.6	0.6	1.0
热力管线		0.6	4.5	6.0	1.0	1.0	0.25

注：横跨道路或与无轨电车馈电线平行的架空电力线距地面应大于 9m。

第 4 章
规划设计项目案例介绍

4.1 区域规划——×× 市域城镇体系规划（2007 ~ 2020 年）

4.1.1 发展定位和发展目标

1）树立融入全球化的理念，打造全球城市网络中的特色城市。

2）依托和强化 ×× 市的资源优势，建成国家级重要的能源及重化工基地。

3）按照“服务内蒙古，连接晋陕宁”的思路，建设现代化的区域性经济中心城市。

发展目标：贯彻落实科学发展观，着力转变经济发展方式，更加关注民生、改善民生，建设更具实力、充满活力、富有魅力、文明和谐的现代化城市。

4.1.2 社会经济发展战略

1）以产业功能为支撑的功能提升战略。

2）以社会、环境、空间、城乡协调为重点的统筹发展战略。

3）以超前规划、突出核心、全面提升为导向的城市建设战略。

4）以多方位创新为基础的城市创新战略。

5）以提高整体竞争力为目标的区域联动战略。

4.1.3 ×× 市城镇体系现状

2005 年底 ×× 市进行了行政区划调整，调整后 ×× 市共有 1 区、7 旗，41 个镇、9 个苏木乡、7 个街道办事处（图 4-1）。

现状城镇体系地域空间分布有以下几个特点：

（1）地域差异明显

总体上 ×× 市城镇空间分布为：城镇分布密度东部远大于西部，东胜区、达拉特旗、准格尔旗、伊金霍洛旗一区三旗的城镇总数为 34 个，占全域城镇总数的 60%，而杭锦旗、鄂托克旗、鄂托克前旗、乌审旗四旗的城镇总数为 23 个，占全域城镇总数的 40%。从人口来看，市域城镇发展水平东高西低，市域东部一区三旗的常住人口为 100.3 万人，占总常住人口（1411156 人）的 71.1%。

（2）城镇沿河、沿边分布的特征明显

城镇沿河、沿边分布的特征明显：水资源的制约导致市域内有大量城镇分布于北部和西部黄河一线，呈现出沿河发展的趋势；而在市域的南部依托煤、天然气资源分布较多的城镇，呈现出沿边发展的趋势。

（3）具开放性的城镇体系

由于 ×× 市域内大多数城镇呈现沿边、沿河分布的特征，造成多数城镇与 ×× 周边各城市联系比跟 ×× 中心城市联系要紧密（如树林召跟包头，薛家湾跟呼和浩特，蒙西跟乌海），形成具备开放性的城镇体系。

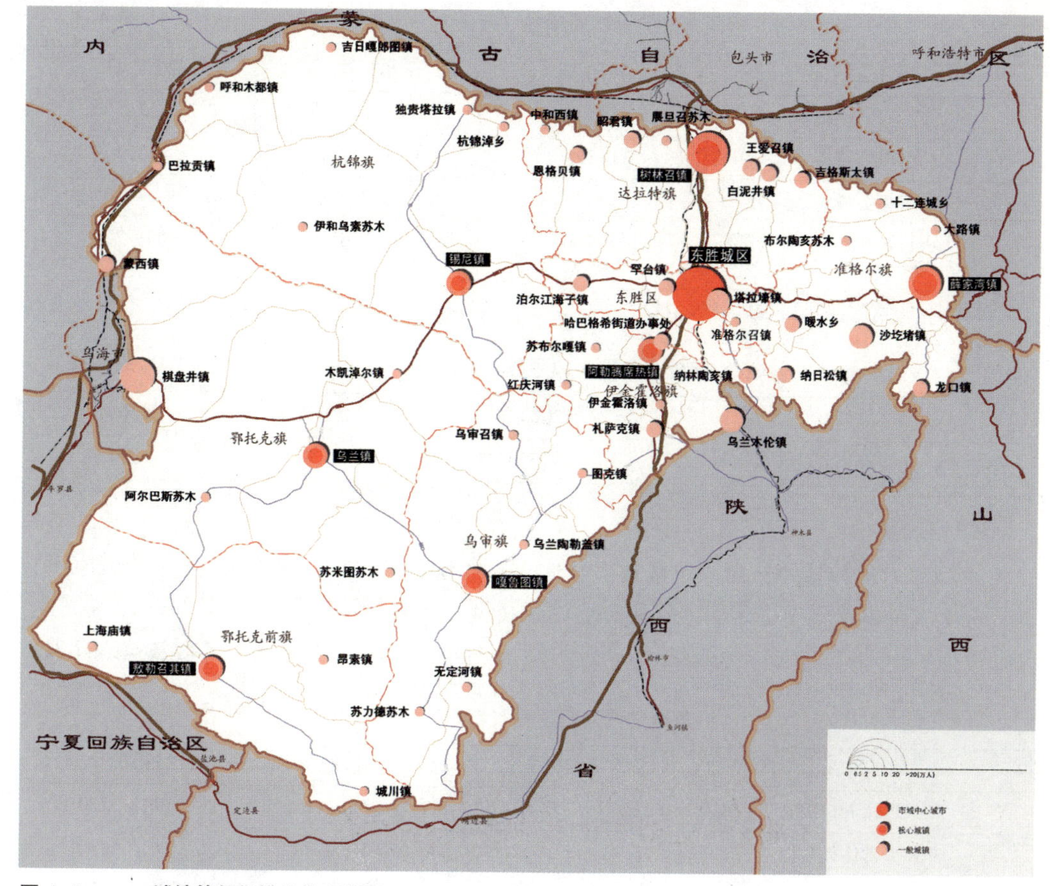

图 4–1　××城镇等级规模结构现状图

(4) 市域中心城市辐射力不足

2006 年东胜现状城镇人口为 41.4 万人，作为市域总面积 8.7 万 km^2，总人口 140 万人的 ×× 市市域中心城市，其规模显得过小，城市的综合实力不强，城市中心职能得不到充分发挥，对周边的城镇向心吸引力不足，尤其对西部地区城镇的牵制力尤其显得薄弱。

4.1.4　人口与城镇化水平预测

(1) 市域常住人口预测

规划将常住人口分为户籍人口和半年以上外来常住人口两部分分别预测。预测期为 2010 年、2020 年、2050 年。

1) 户籍人口预测

采用了线形回归模型、马尔萨斯人口模型、经济相关模型进行人口预测。

几种方法预测结果的综合综合分析得出方案如下（表 4-1）：

不同方法的人口预测数（万人）　　　　表 4-1

方法	2010 年	2020 年	2050 年
线形回归模型	144.9	158	197.1
马尔萨斯模型	145.3	161.8	223.3
经济相关模型	145.1	154.4	—
人口预测综合	143 ～ 147	155~165	190 ～ 220

2）外来常住人口预测（表 4-2）

××市外来常住人口预测（万人）　　　　表 4-2

年份	2010 年	2020 年	2050 年
外来常住人口数量	25.4	83.5	120

3）市域总人口预测

市域总人口数量为户籍人口数量与暂住人口数量之和。综合考虑以上几种预测模型，以及未来发展中若干不确定因素（如产业结构转型、户籍政策改革等），并结合××市社会经济态势和人口发展的一般规律，确定出××市规划期市域常住人口的数量（表 4-3）。

××市域常住人口预测（万人）　　　　表 4-3

年份	2010 年	2020 年	2050 年
户籍人口数量	143 ～ 147	155 ～ 165	190 ～ 220
外来常住人口数量	22 ～ 26	80 ～ 90	110 ～ 130
常住人口数量	165 ～ 173	235 ～ 255	300 ～ 350
平均值	170	245	330

（2）市域城镇化水平预测

根据世界城镇化进程的一般经验，诺瑟姆将一个国家的城镇人口占总人口的变化过程概括为一条稍微被拉平的"S"形曲线，并将城市化进程分为三个阶段：当城镇人口比重处于 30%~70% 时，城镇化进入加速发展阶段；当该比重超过 70% 以后，城市化进入高级阶段，城市人口比重的增长又趋于减缓，城市化进程减缓。2006 年，××市城镇化水平达到 57.1%，正处于城镇化发展的加速阶段。

1982 年，周一星通过对世界上 137 各国家和地区的城镇化水平及人均 GDP 的分析，发展经济发展水平和城镇化水平之间存在着紧密的内在联系，因而适合选取人均 GDP 来预测规划期内的城镇化发展水平。根据××市历年的城镇化水平资料，以历年人均 GDP 为自变量，利用回归方程：$Y=b\mathrm{Ln}(X)-a$，式中，Y 为城镇化水平，X 为人均 GDP，a、b 为待定系数；得到预测回归模型方程：$Y=12.452\mathrm{Ln}(X)-75.67$，$R_2=0.9428$；预测××市规划期的城镇化水平如表 4-4 所示。

××市城镇化水平预测　　表 4-4

年份	2010 年	2020 年
城镇化水平（%）	70	85

4.1.5　××市城镇体系规划

（1）城镇空间结构规划（图 4-2）

规划通过协调地区经济发展与空间利用的互动关系，最优配置区域经济与空间资源，实现地区经济、社会、环境互动模式的最佳化、综合效益的最大化、持续发展能力的最优化。

通过建立“紧凑型城市与开敞型区域”相结合的都市圈空间形态，将各地方分散、独立发展趋势引导为向重点地区集中，在空间上形成具有适度密集形态、网络状的城镇群体空间和具有宽阔开敞形态的区域。

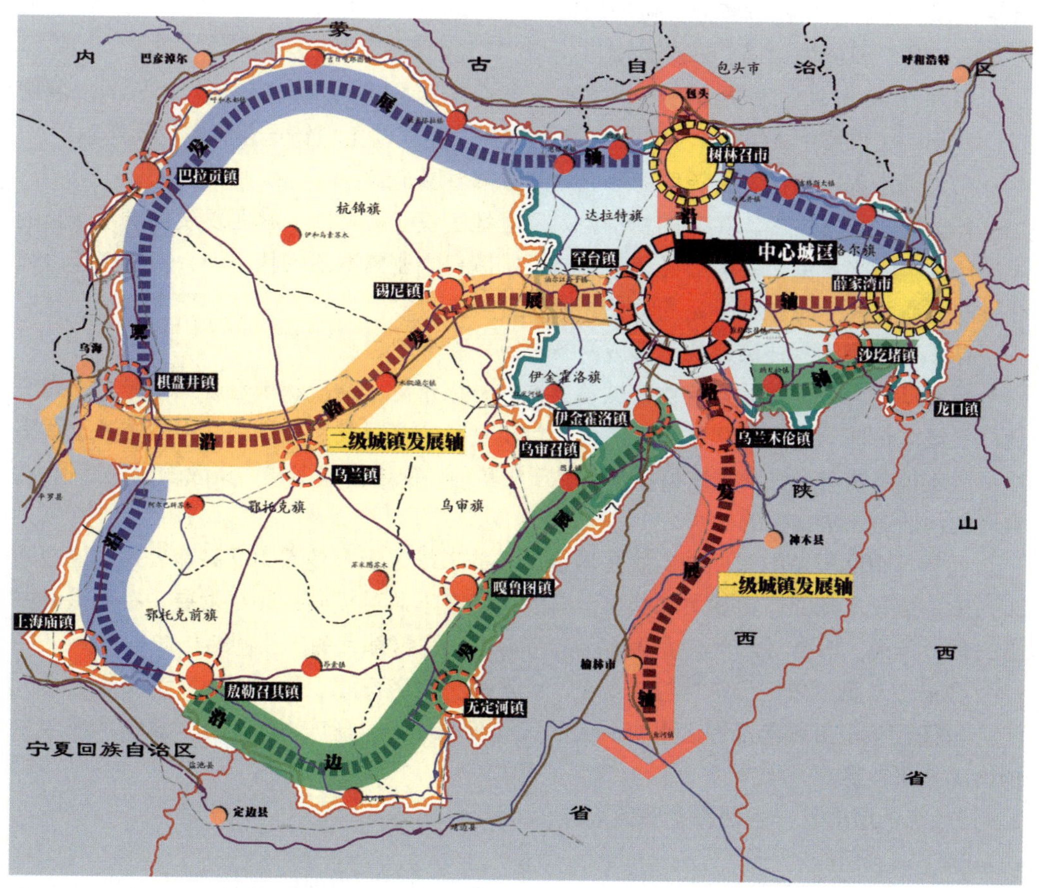

图 4-2　××城镇空间结构规划图

规划总的思路为："分片引导、四条走廊、一主两副十四镇。"规划对城镇空间结构从点、线、面三个方面进行引导：

1）面的层面：分片引导

通过对 ×× 现状城镇空间的分析和问题总结，规划提出了"壮大东部，优化西部；东部做强，西部做精；东部做高，西部做特"的二十四字方针。具体的规划思路如下：

规划采取非均衡发展思路，针对现状 ×× 市域东西部发展不均衡的态势，强化具有产业基础优势的东部地区。

人口和产业进一步向东部集中，形成网络化城镇密集区；对于西部地区则优化发展，重点突出几个重要城镇，以特色产业和精品产业为发展方向，重视对生态环境的保护，形成广大的城镇拓展区。

——网络化城镇密集区：城镇分布最密集的地区，是未来 ×× 市城镇化的主要区域，将成为 ×× 市实现城市跨越发展的主要空间。

——城镇拓展区：西部地区实现生产力布局调整、空间布局优化，重点突出生态的保护，以及生态所依托的草原文化的保护。

2）（线）网络的层面：四条走廊

目前 ×× 市轴向发展趋势十分强劲，区域内已经初步形成了优势较明显的发展廊道。为此，规划强化城镇、产业的轴线拓展态势，构建四条城镇产业集中发展走廊：

①沿河走廊：依托水资源优势形成北部城镇发展走廊

作为一个缺水地区，黄河的水资源为河套地区农业、产业、林业发展提供了优越的发展条件，因此沿黄河目前已经初步形成了城镇和产业集聚的带状空间，规划将通过强化轴向交通联系，促进沿河经济发展、生态的保护。

②沿路走廊：依托交通优势形成两条城镇发展十字走廊

依托 210 国道的南北向走廊是城镇发展的一级走廊，从现状来看就是市域范围内交通联系最为便捷的走廊，包括 210 国道、包茂高速公路以及包神铁路在内的交通干线串联了区域核心城市，重点城镇和多个重要产业基地，交通方式多样，集散输运功能强大，具有其他通道无法比拟的优势。

而依托 109 国道的东西向走廊是城镇发展的二级走廊，随着 109 高速公路的建成通车，未来这条走廊的作用将更加凸显。它的作用在于通过横向的轴线发展，扩大核心城市的辐射范围，增强对西部欠发达地区的带动力，完善都市圈的空间结构体系。

③沿边走廊：依托资源优势（煤炭、天然气、旅游资源）形成南部城镇发展走廊

依托分布于市域南部地区煤炭、天然气等资源优势，形成以工矿业、旅游产业为主的南部城镇走廊。

3）点的层面：一主两副十四镇

①"一主两副"

规划的思路是"强化中心，强化辐射"，只有区域中心城市实力强了，才能产生区

域性的辐射力，因此应集中力量发展 ×× 中心城区。规划将打破行政界限，以东胜、康巴什和阿勒腾席热镇为主体，联合外围的城镇组团罕台镇、塔拉壕镇以及成吉思汗陵旅游特区共同构筑 ×× 中心城区，城镇人口规模达到100万人，作为区域最主要的中心城市。规划重点发展现代服务业，集聚能量，力争与包头、呼市共筑三足鼎立的格局。

"两副"则是指树林召和薛家湾两个县级市，这两个城市从区位条件、产业基础、人口数量等各方面的条件来说都是仅次于市域中心城市的，因此规划作为市域的副中心城市。

②"十四镇"

规划在全域范围内重点打造十四个重点镇，锡尼镇、乌兰镇、嘎鲁图镇、敖勒召其镇、棋盘井镇、巴拉贡镇、上海庙镇、乌审召镇、无定河镇、沙圪堵镇、乌兰木伦镇、纳日松镇、伊金霍洛镇、龙口镇，以此促进区域的平衡与协调发展，培育新的区域增长点。

（2）城镇规模等级结构规划（图4-3）

规划的主要思路为：

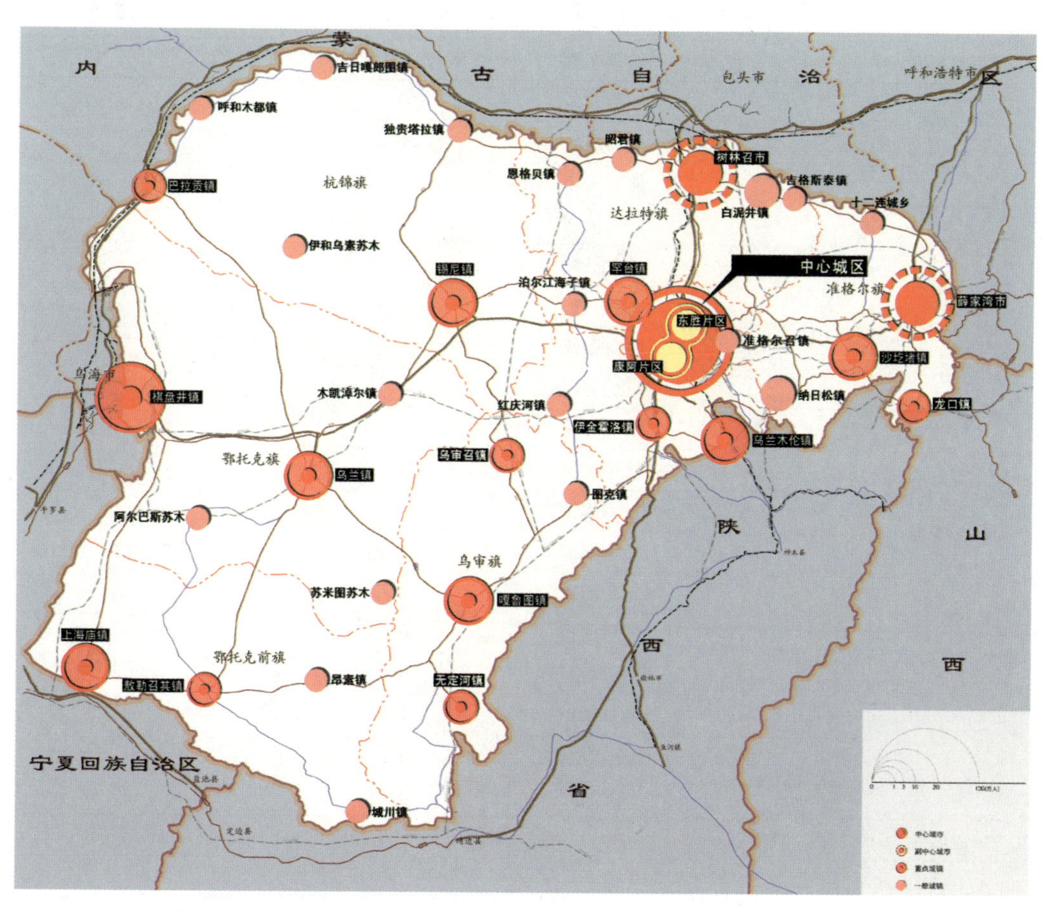

图4-3 ×× 城镇等级规模结构规划图

1）围绕“积聚发展中心城市，积极培育副中心城市，联动发展重点城镇，特色发展一般城镇”的策略，突出发展 ×× 市中心地域，规划 ×× 中心城区城镇人口达到 100 万人。规划 ×× 市市域城镇按中心城市、中心城镇、重点城镇、一般城镇四级进行规划。

2）根据总体空间布局思路：“分片定向引导”，规划重点发展东区的两区两市。

3）针对现状人口规模过小的情况，建议在现状城镇基础上进一步进行合并，以减少过小城镇的数量。市域西部的苏木型城镇情况比较特殊，予以适当保留。

根据规划人口预测，2020 年 ×× 市常住人口 245 万人，城镇化率为 85%，城镇人口为 210 万人。

中心城市——×× 城镇规模将在未来的二十年内逐步扩大，其中市区的极化作用明显，人口规模有较大增幅，形成城镇人口规模 100 万人的市域范围内的中心城市，其发展建设对市域城镇体系的发展具有很强的带动作用（表 4-5）。

×× 市域城镇规模结构规划一览表 表 4–5

<table>
<tr><th>等级类别</th><th colspan="2">个数（个）</th><th>城镇名称</th><th>人口（万人）</th><th>规划城镇人口合计（万人）</th></tr>
<tr><td rowspan="2">中心城市</td><td colspan="2" rowspan="2">1</td><td>东胜片区</td><td>50</td><td rowspan="2">100</td></tr>
<tr><td>康阿片区</td><td>50</td></tr>
<tr><td rowspan="2">副中心城市</td><td colspan="2" rowspan="2">2</td><td>树林召市</td><td>18</td><td rowspan="2">36</td></tr>
<tr><td>薛家湾市</td><td>18</td></tr>
<tr><td rowspan="14">重点城镇</td><td rowspan="4">综合型</td><td rowspan="4">4</td><td>锡尼镇</td><td>5</td><td rowspan="4">17</td></tr>
<tr><td>乌兰镇</td><td>4</td></tr>
<tr><td>嘎鲁图镇</td><td>5</td></tr>
<tr><td>敖勒召其镇</td><td>3</td></tr>
<tr><td rowspan="8">产业型</td><td rowspan="8">8</td><td>棋盘井镇</td><td>12</td><td rowspan="10">47</td></tr>
<tr><td>巴拉贡镇</td><td>3</td></tr>
<tr><td>上海庙镇</td><td>3</td></tr>
<tr><td>乌审召镇</td><td>3</td></tr>
<tr><td>无定河镇</td><td>3</td></tr>
<tr><td>沙圪堵镇</td><td>6</td></tr>
<tr><td>乌兰木伦镇</td><td>10</td></tr>
<tr><td>纳日松镇</td><td>2</td></tr>
<tr><td rowspan="2">旅游型</td><td rowspan="2">2</td><td>伊金霍洛镇</td><td>2</td></tr>
<tr><td>龙口镇</td><td>3</td></tr>
<tr><td>一般城镇</td><td colspan="2">18</td><td colspan="2">略</td><td>10</td></tr>
<tr><td colspan="5">城镇人口合计</td><td>210</td></tr>
</table>

注：按照城镇人口进行统计。

（3）城镇体系职能结构规划（图 4-4）

规划的主要思路为：

1）从城镇体系的整体效益出发，根据各城镇不同的发展基础和条件，预测未来职能的变化及可能出现的新职能，明确市域内主要城镇在体系中的地位、作用，确定城镇发展的主导方向和职能，以便各城镇扬长避短，发挥优势，体现特色，实现功能互补，从而建立一个合理分工、发展协调的市域城镇职能分工体系。

2）规划根据总体空间布局思路和产业带的布局引导城镇职能分工：规划北部沿黄河一线城镇带为农业、旅游业主导型城镇，东部为工矿型城镇带，南部为旅游业、农牧业主导型城镇，西部沿边一线为工矿型城镇带，各综合型城镇位于其服务地区的中心位置。

根据各城镇的经济支柱产业及其区域意义，划分城镇职能的类型结构。把中心城市定为综合型，政治、经济、文化、科教、交通等是其共性的职能，其他城镇划分为四种基本职能类型：工矿型、旅游型、集贸型、农牧型（表 4-6）。

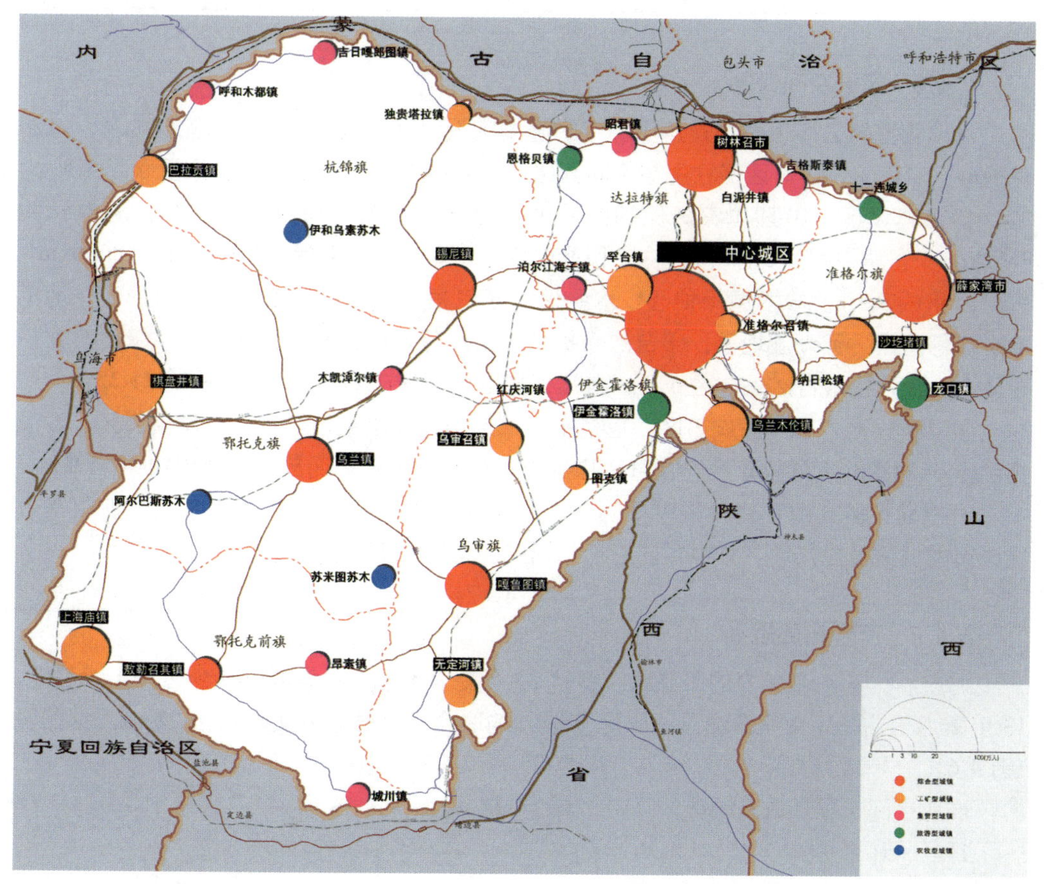

图 4-4　××城镇职能结构规划图

××市域城镇职能结构规划一览表　　表 4–6

职能等级	职能类型	城镇数量	城镇名称
中心城市（1个）	综合型	1	××中心城区
副中心城市（2个）	综合型	2	树林召市、薛家湾市
重点城镇（14个）	综合型	4	嘎鲁图镇、锡尼镇、乌兰镇、敖勒召镇
	工矿型	8	棋盘井镇、上海庙镇、乌兰木伦镇、沙圪堵镇、巴拉贡镇、无定河镇、乌审召镇、纳日松镇
	旅游型	2	伊金霍洛镇、龙口镇
一般城镇（18个）	工矿型	2	准格尔召镇、独贵塔拉镇
	旅游型	2	泊尔江海子镇、恩格贝镇
	集贸型	11	昭君镇、白泥井镇、吉格斯太镇、十二连城镇、昂素镇、城川镇、木凯淖尔镇、图克镇、吉日嘎朗图镇、呼和木独镇、红庆河镇
	农牧型	3	阿尔巴斯苏木、伊和乌素苏木、苏米图苏木

4.1.6 区域空间管制

从改善整体区域生态的视角出发，明确划定设置禁建区，保护生态脆弱地区、水源保护地、自然保护区等区域性生态空间，逐步改善区域整体的生态环境质量（图 4-5）。

禁止建设区：①基本农田保护区：主要分布在沿黄河南部平原一带，总面积约 4662km^2，占总面积的 5.4%。②林地和重点牧区：规划应重点保护，总面积约 8656km^2，占总面积的 9.9%。③水源保护区：水源保护区包括地表水饮用水源一级保护区、地下水重点保护区、河湖湿地等。④自然保护区：自然保护区共 9 个，其中国家级自然保护区 2 个，自治区级自然保护区 6 个，自然保护区面积 9677km^2，占总面积的 11.25%。

限制建设区：①一般农田区，包括中、低产田、零星菜地等。②沙漠控制区：沙漠控制区 34248km^2。③牧草地：牧草地广泛分布在区域东部和西部，总面积约 36512km^2。

适宜建设区：适宜建设区包括××市中心城、副中心城市、重点镇、一般镇等各级城镇的城镇建设用地，集中导向沿河、沿路、沿边的四条走廊。

4.1.7 产业布局规划

调整后，××市域内的工业园区将从 29 个变为 1 个产业集群，13 个重点工业基地。13 个重点工业基地中有 3 个是“一区多园”的联合工业基地，实际包含 22 个工业园区（图 4-6）。

产业空间布局形成“一核一环带”（图 4-7）：

1）“一环带”

乌审旗东部产业带：能源化工产业。

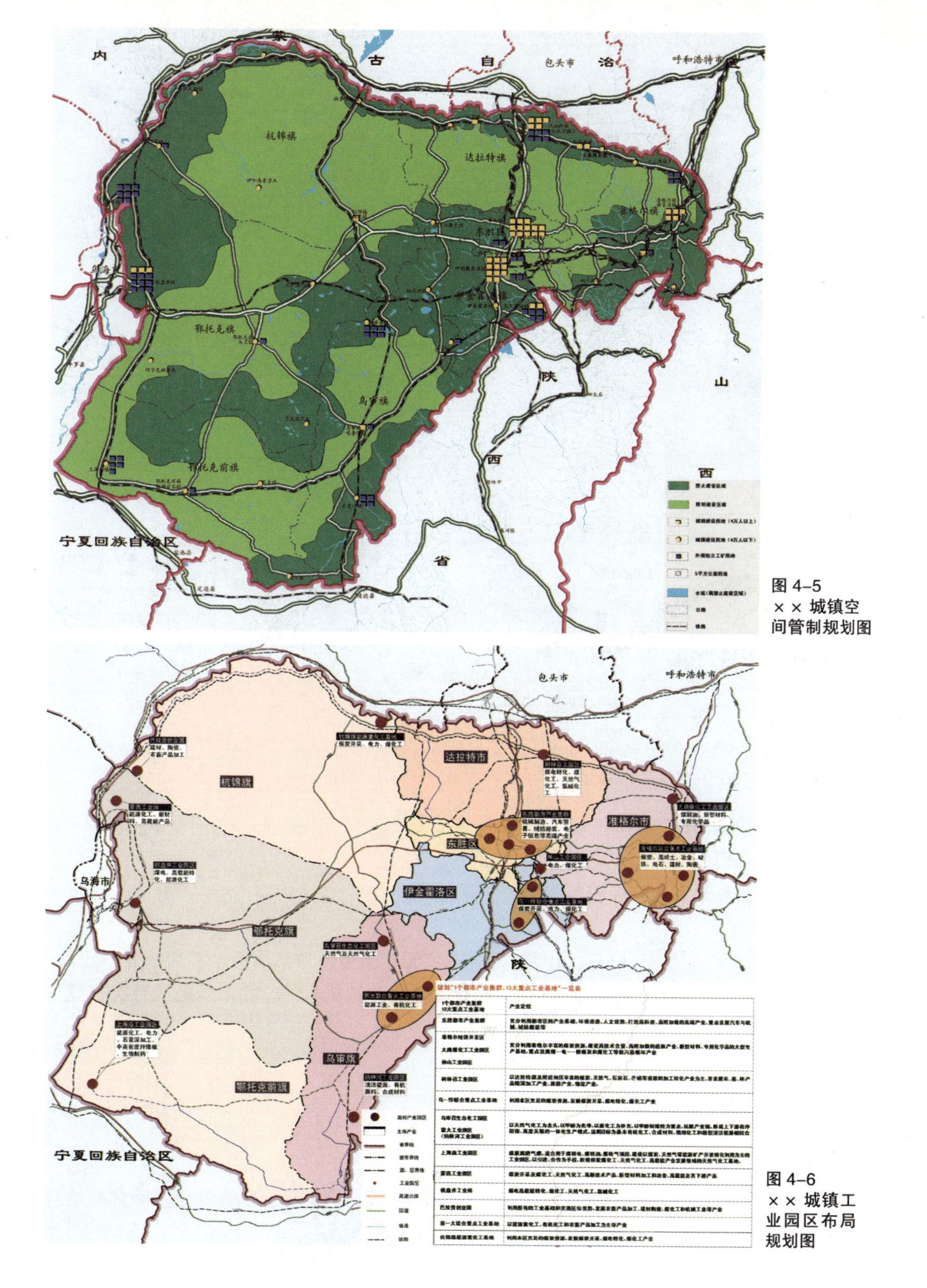

图 4-5 ×× 城镇空间管制规划图

图 4-6 ×× 城镇工业园区布局规划图

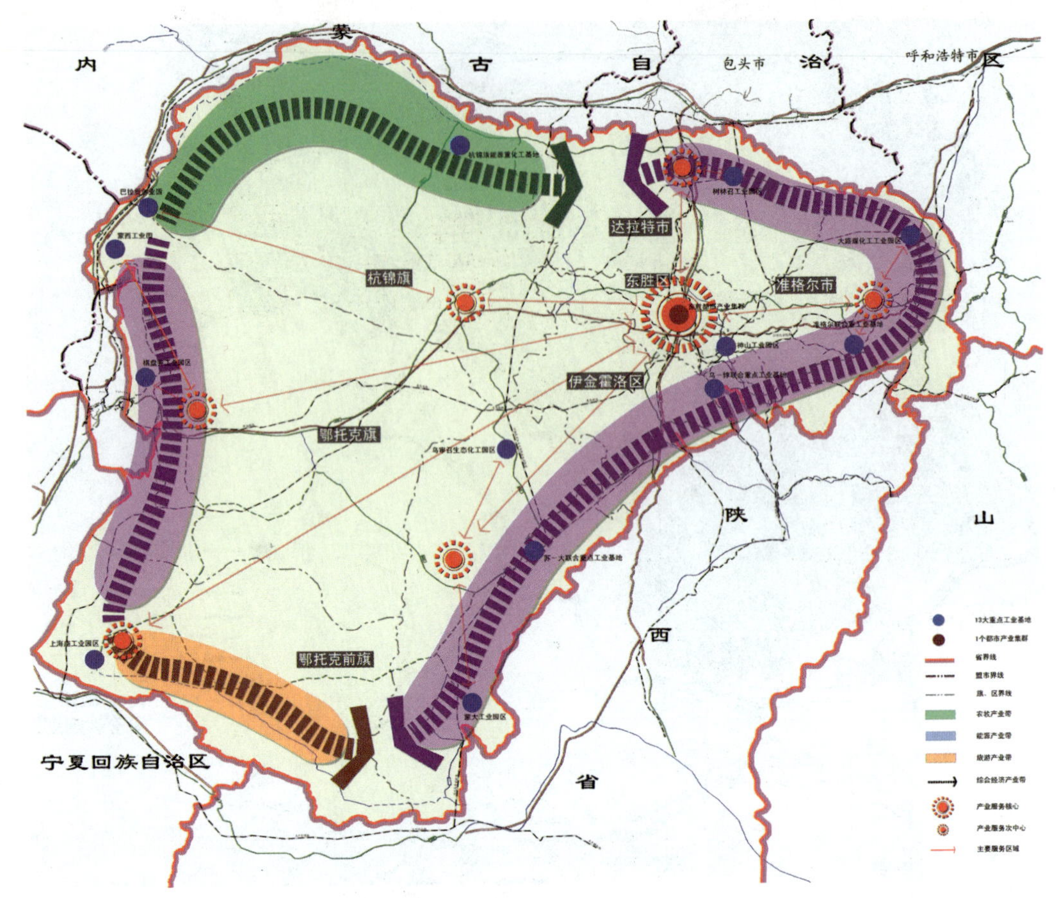

图 4-7　× × 城镇产业空间布局规划图

鄂托克前旗南部产业带：农牧、旅游观光产业。

鄂托克旗西部产业带：能源化工产业。

杭锦旗北部沿黄河产业带：农牧、旅游观光产业。

2）"一核"

× × 市区产业服务中心：为区域提供综合配套服务、信息服务，并集聚企业总部，加强中心城市对周边地区的吸聚能力。本身也发展高新技术、非耗水型的提升类、成长类产业基地，以及信息、汽车、生物医药等。

4.1.8　市域综合交通规划

（1）公路交通规划（图 4-8）

1）在原有十字高速路基础上建设高速连接

线，将主城区、树林召区、薛家湾区以及乌兰镇、锡尼镇、棋盘井镇及新建机场等紧密联系起来，提高市域的十字形交通走廊的交通服务效率。

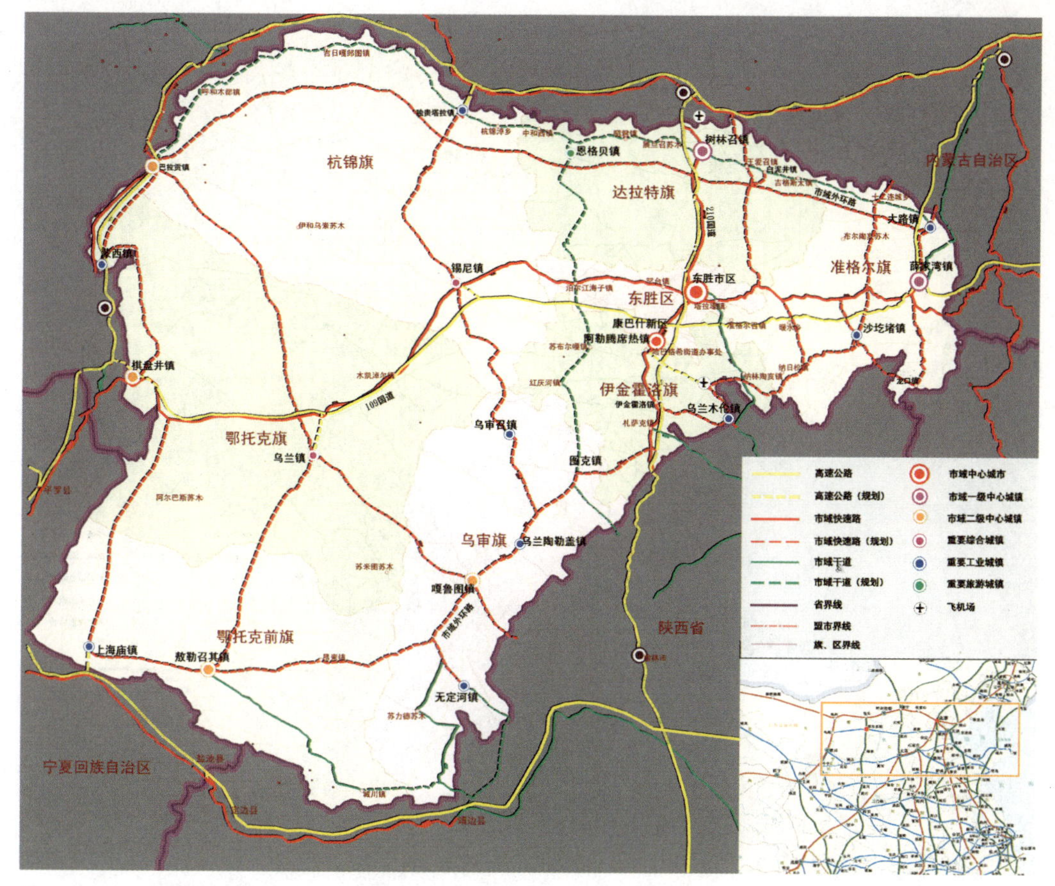

图 4-8　××城镇综合交通规划图（公路）

2）中环促进东部城镇、产业基地密集地区的联系以东部两市两区为主，促进"呼包×"城市群内部的紧密联系，建设市域快速路所构成的中环，将达旗恩格贝、树林昭、白泥井，准旗大路、薛家湾、沙圪堵等重要城镇和重点产业基地联系在一起。

3）外环支持沿河沿边走廊发展态势，沿××市市域形成沿河（沿边）的外环，西部地区由市域快速路或市域干道形成，联系市域二级中心城镇、重要综合城镇及重要工业城镇。

（2）铁路及物流体系规划

在××市的铁路干线"三横四纵"结构的基础上，建议：

1）在××都市区，通过轨道交通将东胜区与康巴什新区、阿镇相联系，近期采用BRT，远期可考虑采用城际铁路。

2）都市区与薛家湾至呼市之间，都市区与树林召至包头之间规划预留客运专用线铁路通道，未来形成区域呼包×金三角之间的大运量快速轨道交通体系。同时形成都市区与薛家湾镇、树林召镇组合联动发展的局面。

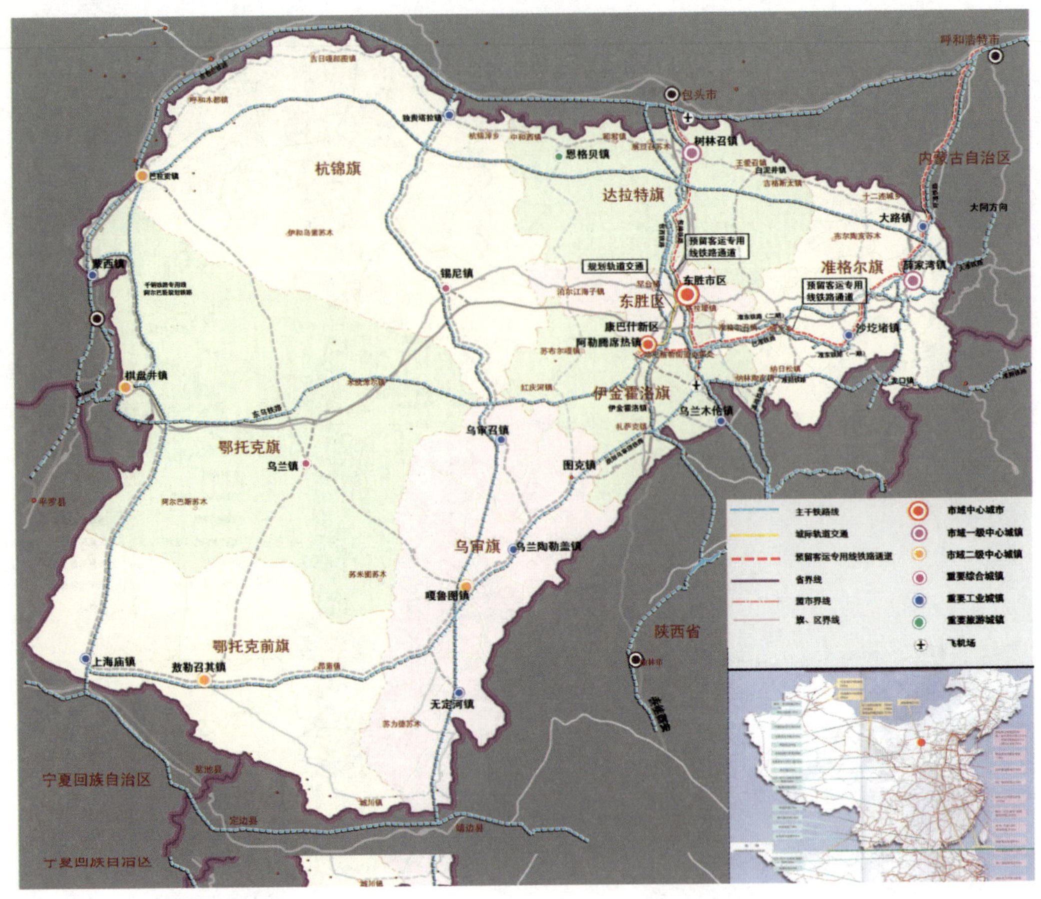

图 4-9　× × 城镇综合交通规划图（铁路）

3）规划铁路线与市域主要道路平行并紧贴，共同构筑综合交通走廊，有利于交通联运，并在主要城镇和产业区预留铁路站点。

4.1.9　旅游系统规划

× × 市旅游资源丰富，人文旅游资源主要有“河套人”文化遗址、× × 青铜器、成吉思汗陵、草原敦煌阿尔寨石窟、藏传佛教寺庙准格尔召等，全市现有五处全国重点文物保护单位。× × 市的自然旅游资源有库布其沙漠、毛乌素沙地、神奇的响沙湾、沙漠绿洲、沙湖、草原、温泉、阿拉善湾遗鸥保护区、晋蒙黄河大峡谷等。全市现有各类景区（点）35 处，其中成吉思汗陵和响沙湾等 5 处景点是国家 AAAA 级景区，恩格贝示范区和神东煤海是首批国家农业旅游示范点和工业旅游示范点（图 4-10）。

1）本次规划提出的旅游城市品牌定位是：

天骄圣地（从成吉思汗文化入手，进行深入剖析）。

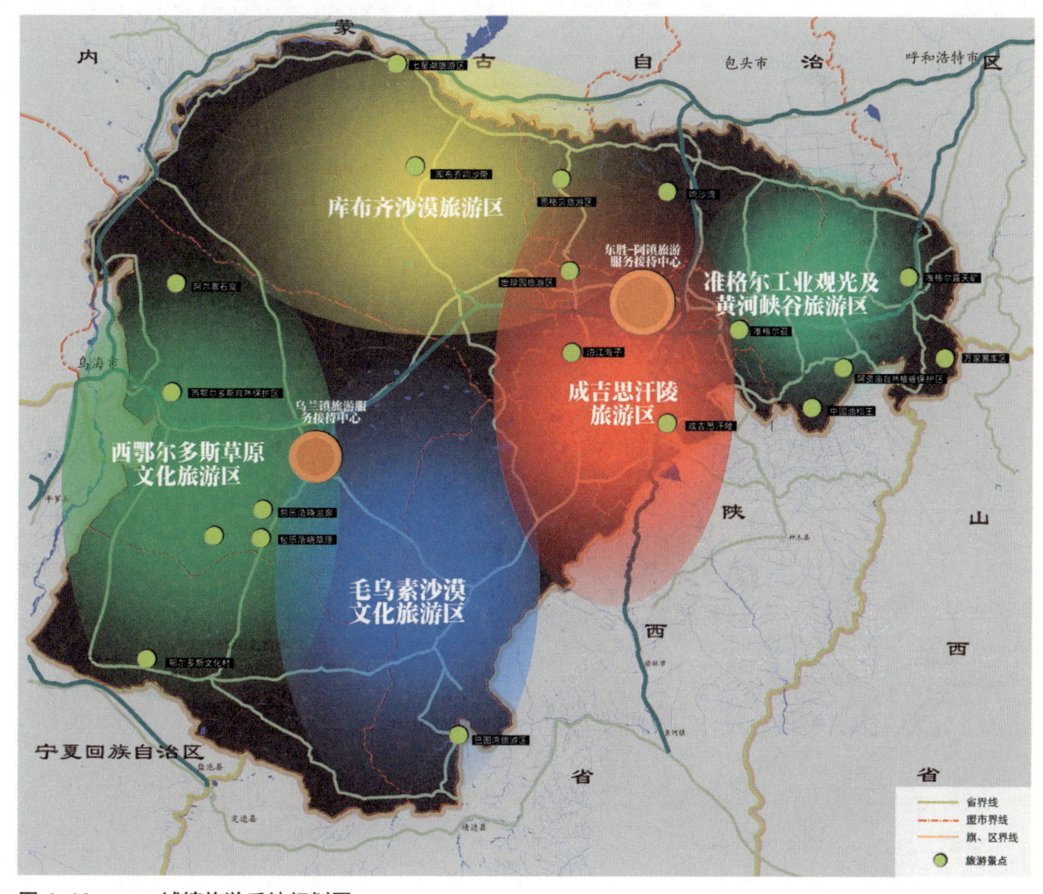

图 4–10　× × 城镇旅游系统规划图

五彩名城（不仅包括人文要素，还包括了自然要素）。

2）五大旅游分区：

① 成吉思汗陵旅游；

② 库布其沙漠生态旅游区；

③ 西 × × 草原文化旅游区；

④ 毛乌素沙漠文化旅游区；

⑤ 准格尔工业观光及黄河峡谷旅游区。

4.1.10　绿地系统规划

（1）“面”——自然的绿色斑块与基质

1）斑块：绿色自然保护区

以 9 个自然保护区作为地区生态、绿地系统中的根基与核心，构成了 × × 市地区

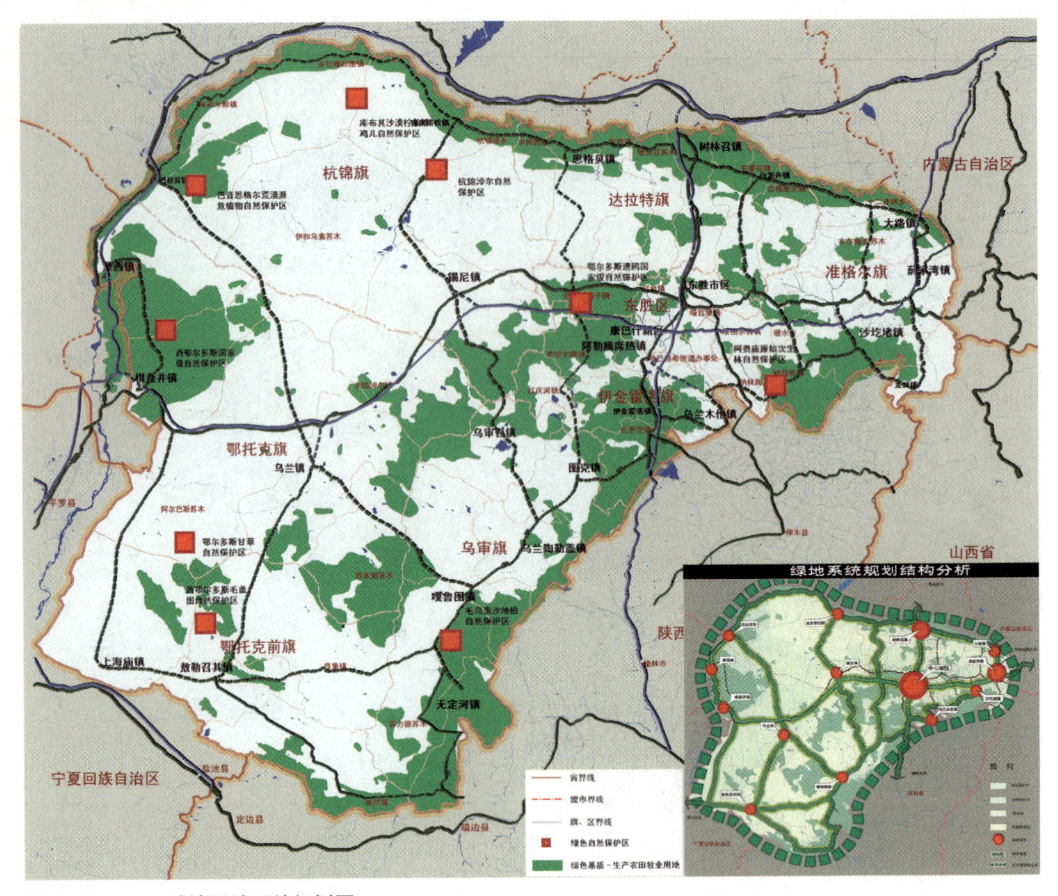

图 4–11　××城镇绿地系统规划图

的主要绿色斑块，应严格保护它们的自然生态环境并禁止城市建设。

2）基质：生产性的农田及其他农、牧业用地

此外，各城镇、苏木之间多数存在着许多以生产性为主的牧草地、林地等，它们构成生态、绿地系统中的基质，也是区域内生态与绿地系统中的重要组成部分（图 4-11）。

（2）“线”——生态廊道

由沿河、沿路、沿边的生态廊道构成的生态网络，形成贯穿市域的网络状生态走廊，形成“沿路见绿”、“有路有绿”的绿化网络。

（3）“点”——城镇绿地

建设各个城镇建设区内部的各级城镇绿地，努力提高城镇的绿地比例。

4.1.11　生态环境保护规划

生态功能区划及其整治策略如下（图 4-12）：

Ⅰ黄河南岸平原灌溉农业生态亚区：该地区土质好，水源充足。建议加强采取节水

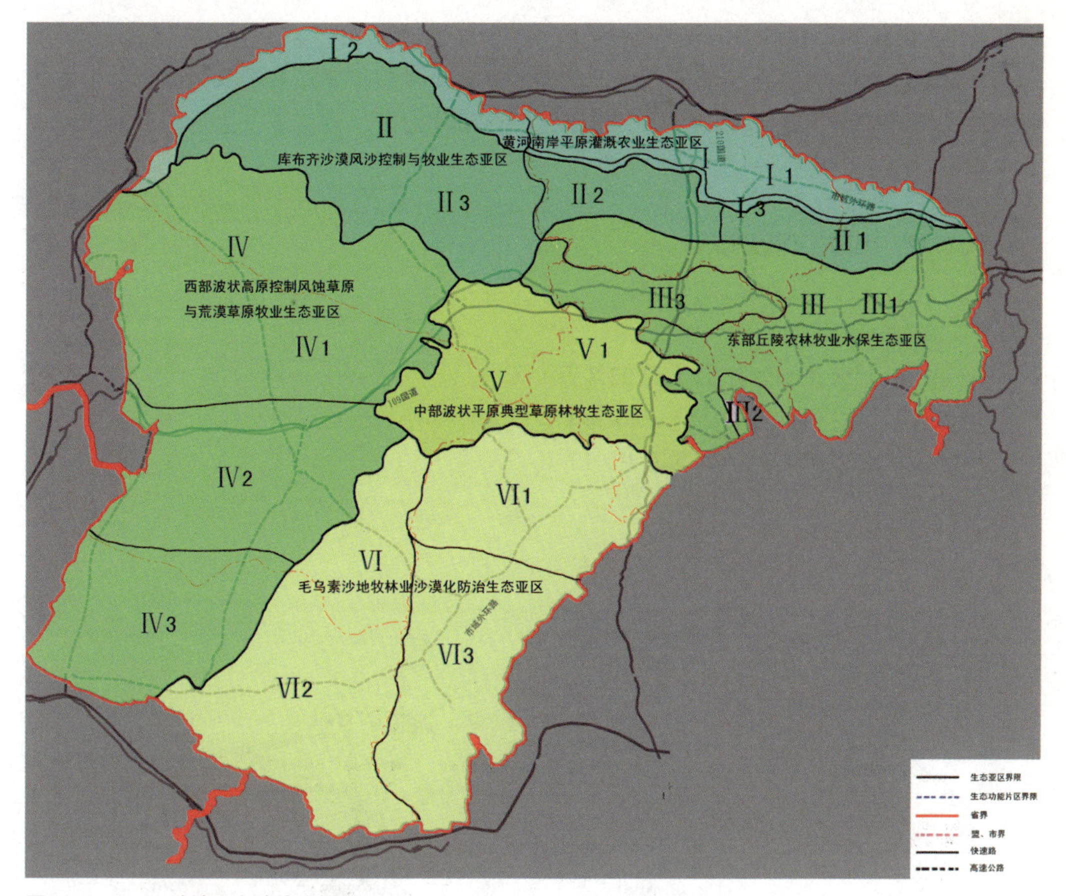

图 4–12　× × 城镇生态功能区划图

措施。本区植被林业以发展农田防护林为主，加快农田林网、混农林业和沿河防护林带建设。

II 库布齐沙漠风沙控制与牧业生态亚区：此区加快退耕还林还草、禁牧。主要是治理库布齐沙漠扩展危害，以灌草灌木林把沙漠的边锁住，不威胁黄河。重点是十大孔兑（孔兑即河流）的治理，建立防风固沙护岸林。

III 东部丘陵农林牧业水保生态亚区：本区应促进退耕还林还牧，造林种草，应以发展灌木和牧草为重点，大力发展沟道林业，积极发展生态畜牧业和经济林果业。× × 市工矿区做好开发建设项目水土保持工程。

IV 西部波状高原控制风蚀草原与荒漠草原牧业生态亚区：该区属于干旱半荒漠地带，是纯牧区；在保护好利用好天然草场的同时，建立人工打草场和高质量的饲草料基本田，控制超载放牧、利用过度。

V 中部波状平原典型草原林牧生态亚区：该区地表径流少，地下水位深，土地荒漠化不断扩展，是荒漠化土地重点保护区。以水为中心，因地制宜，以草定畜，实行轮封轮牧。

VI 毛乌素沙地牧林业沙漠化防治生态亚区：该区风大沙多，但水资源较为丰富，称为沙地富水区。为防止沙漠化和水土流失的进一步发展，建设乔灌草相结合的生态防护林体系。在矿区和城镇内部，以交通沿线、井田作业区、居民点、生活区及河流沿岸为中心进行绿化，达到总体防护的目的。

4.1.12 市政工程设施规划

(1) 给排水工程规划（图 4-13）

1）都市区供水规划

规划东胜片区总供水能力达到 22.8 万 t / 日，

康巴什片区总供水能力达到 19.5 万 t / 日，

阿镇片区总供水能力达到 5 万 t / 日，

合计 47.3 万 t。

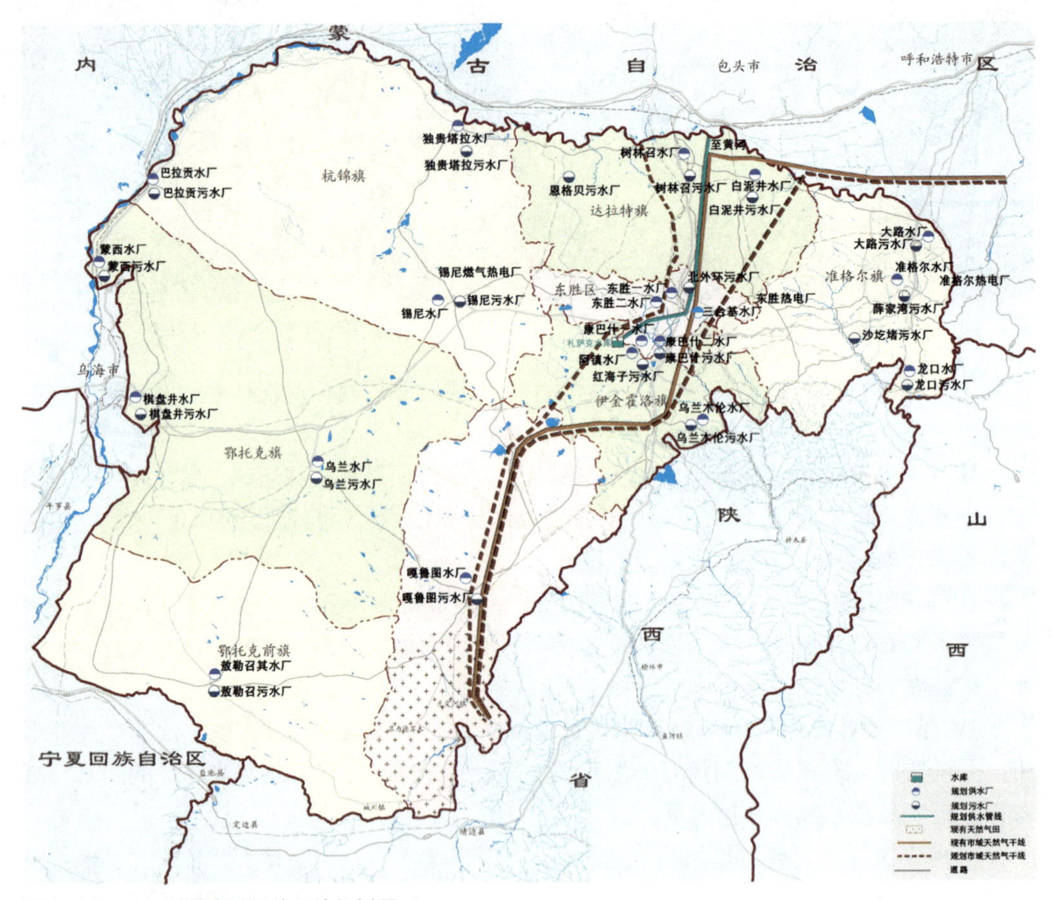

图 4-13　× × 城镇市政设施系统规划图

规划远期实现东胜与东胜康巴什供水管线连接，实现水资源共享和调配使用。

2）重点城镇供水规划

沿黄河工业城镇靠近黄河，是市域内供水条件较好的地区，工业引黄用水工程均已投入使用。

非沿黄河伊金霍洛旗、杭锦旗、鄂托克旗城镇利用地下水资源和适度地表水资源，开发呼鸡图、浩勒报吉水源地，提高污水处理率和中水回用率。

3）供水管网规划

①完善各供水分区的供水管道系统，待条件具备时逐步实现各供水分区之间的管道联系，提高供水保障率。考虑黄河水的南调和札萨克水库水的北调，规划远期设一条区域性的供水管道，北起黄河沿国道南下经东胜、康巴什，到达札萨克水库。

②针对饮用水水质要求的不断提高，各水厂应增加直饮水设备的建设，对生活用水和生产用水实行分质供水。

4）污水设施规划

污水包括生活污水和工业污水，按给水量的80%计算，中、远期随着城市中水的利用，排水系数下降，按照70%计算。综合考虑污水系统与供水系统的总体布局，以合理确定污水处理厂及其出水口位置。

（2）电力工程规划

1）现状概况：××市电网是蒙西电网的重要组成部分，覆盖××市全境。除准旗部分区域由薛家湾供电局管理外，其他区域由××市电业局供电营业区供电。市域内主要供电节点为三处：鄂托克旗、达拉特旗和准格尔旗。全域内有500kV变电站3所，220kV变电站8所。

2）供电设施规划

准旗、达旗、鄂旗仍然是××市电网最大的供电区域。

规划新建5个500kV变电站；11个220kV变电站；

南部和西部新建500kV电缆；220kV电缆在现状基础上完善。

供电线路形成“串”字形的基础设施走廊（图4-14）。

（3）燃气工程规划

1）现状概况：除东胜城区正逐步以管道燃气（天然气）取代液化气和煤为主要能源外，市域内其他各旗县还未普及管道燃气，多使用液化石油气和煤作为能源。

2）气源选择：东胜城区气源来自长庆气田第二净化厂，在乌审旗有我国迄今最大规模的整装天然气田——苏里格气田。

3）燃气设施规划

①规划中心城区设天然气储配调压站两处，一处为东胜区现状，一处规划在阿镇的东南部。

规划设天然气门站一处，与阿镇储配站合建。

②规划天然气输气走廊一条，由苏里格气田——长庆气田——呼和浩特。

③近期外围各旗区气源以液化石油气为主，应做好瓶装液化气供应站的规范建设，完善供气系统的管理。

（4）供热工程规划

1）现状概况：现状 ×× 市只有东胜城区局部实现集中供热。外围各旗县多采用自备热源，小型锅炉房作为热源。东胜区现有供热部门三处。

2）热源规划：东胜片区近期利用原有的供热站，规划远期在铁西组团北侧新建 ×× 市热电厂、东胜热电厂，加上蒙泰热电厂，满足供热需求。

康巴什新区规划大型燃煤热源厂两座。阿镇供热站位于阿镇东南侧。

外围各旗县：设热电厂两座——锡尼燃气热电厂和准格尔热电厂。规划中心城镇和重点城镇分别按照需要设置集中供热站。

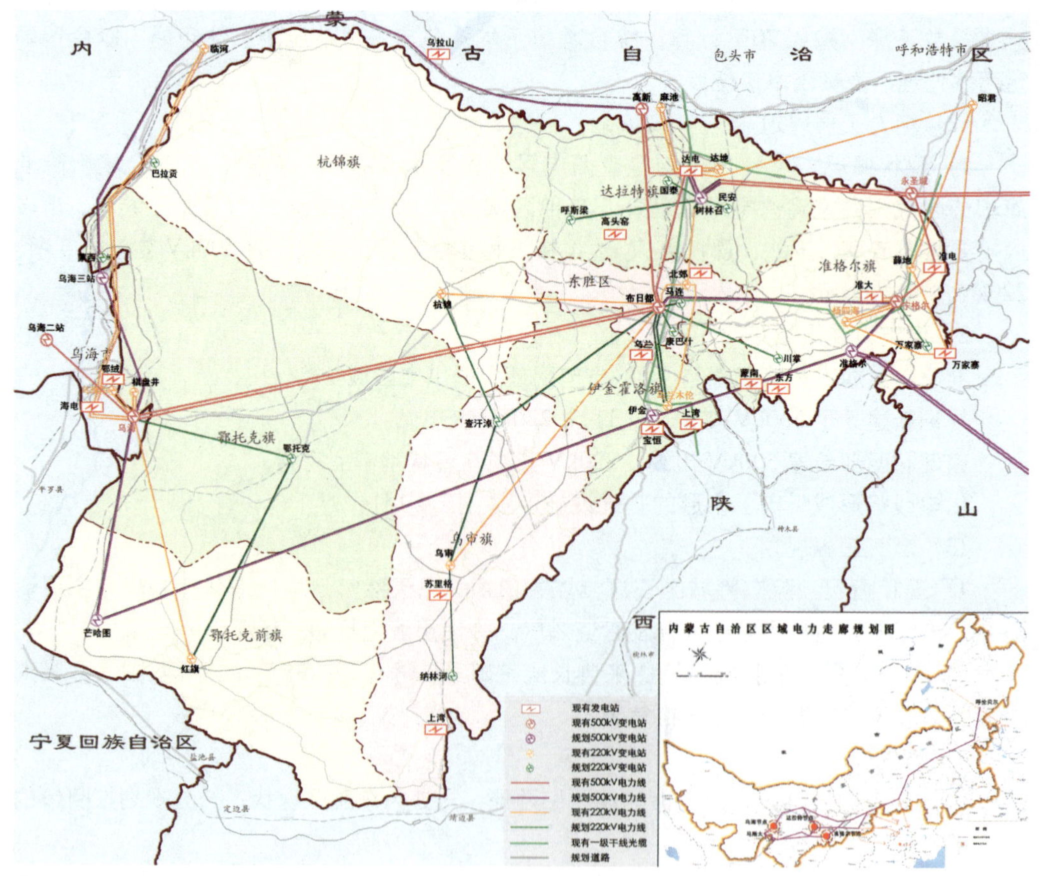

图 4–14　×× 城镇电力系统规划图

4.2 城市总体规划——×× 市城市总体规划

4.2.1 发展条件分析

（1）有利因素分析

1）国家大交通战略格局带来的发展机遇

×× 市是首都放射线京昆高速公路上的重要节点，十天高速公路（十堰—天水）、宝汉高速公路等联络线已开工建设；2008 年汶川地震发生后，为提升四川省北向交通出行安全，西成客运专线拟开工建设。大区域交通条件的改善，帮助 ×× 市很大程度上突破了交通发展的瓶颈，使得 ×× 市可以在更大的经济空间范围发挥联系和影响作用。

2）区域增长极辐射带动的发展机遇

国家西部大开发十一五规划提出建设西部三大经济增长极，分别是关中—天水经济区、成渝经济区和北部湾经济区。×× 市势必在产业发展、结构转型、外资利用等方面接受关中—天水经济区、成渝经济区、江汉经济区的三重辐射，×× 市可以充分依托两大经济增长极和中部经济区实现自身的突破发展（图 4-15）。

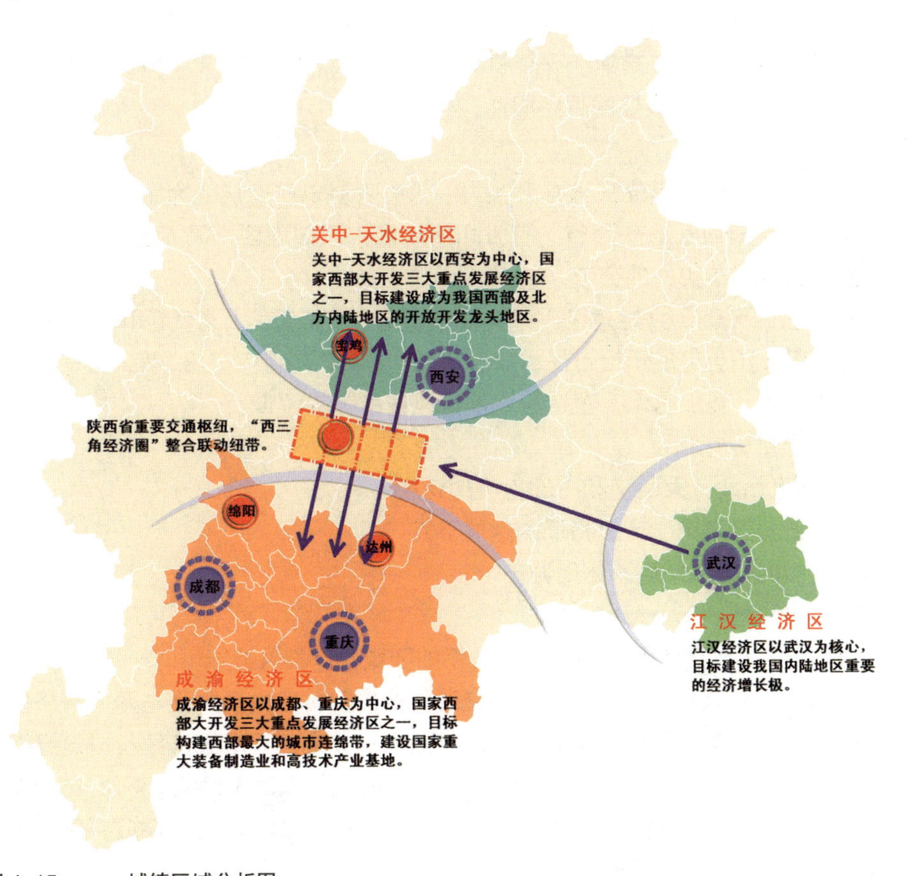

图 4-15　×× 城镇区域分析图

3）历史文化悠久——汉之渊源，名人荟萃

4）生态环境优越——得南北之利，地球同纬度上生态环境最好的地区之一

5）具备绿色食品产业和以航空企业、军工企业为依托的高新产业发展基础

（2）不利因素分析

1）在交通条件没有明显改善前，有逐步被边缘化的趋势，总体实力不强

××市向北受到秦岭的阻隔，向南又有大巴山横亘在前，与西部大开发两条经济主轴带（陇海—兰新线、长江经济带）无缘，在以往的发展中，属于逐渐被边缘化的区域之一。××市产业结构能级低，第一产业比重在20%以上，存在农业规模大而不特、工业门类全而不强、服务业升级缓慢等难题，产业缺乏竞争力。

2）城镇化水平低，农村人口转移压力大

3）受到水源地保护、土地资源等生态环境容量的制约

4.2.2 社会经济发展战略

××市发展遵循一个先导，两个突破，三个目标，五个战略。

（1）一个先导——以交通为先导

通过两条铁路、三条高速、一个机场，沟通秦岭、巴山南北，打通大西北与大西南的联系，××市应承担重要的枢纽职能。

（2）两个突破

城市实力的突破：首先应该提升实力，大力发展以航空产业为主导的装备制造业和绿色食品产业，与西安、陕西省、陕甘川渝地区、西部地区，乃至全国实现辐射互动，做大做强，实现城市实力的突破。

城市特色的突破：立足建设“最美丽的城市”，重点在人文特色和山水特色上取得突破。将两汉三国历史展示给市民和旅游者，形成汉文化特色突出，有人文气质的城市；城市与山水相融，显山露水，塑造西北地区风景最美的城市。

（3）三个目标

1）衔接大西北、大西南和中部地区的枢纽

2）“西三角经济圈”产业格局的重要节点

3）国内知名的特色旅游休闲城市

（4）五个战略

1）战略一：以接轨西安和成都为重点的区域合作发展战略

交通融入：充分利用国家构建快速交通网络的契机，主动加强与两大经济区的交通联系，融入西安、成都两小时交通圈；产业融入：关中—天水经济区、成渝经济区在航空航天、装备制造、生物制药、电子信息等领域具有国内领先优势，××市应依托自身产业基础和资源优势在这些领域谋求合作；旅游融入：与西安、成都旅游部门积极合作，融入陕西旅游圈和四川旅游圈。

2）战略二：以 ×× 市盆地城镇发展区为核心的空间发展战略

由现有的中心城区，结合城固、勉县、南郑，共同构筑 ×× 市盆地城镇发展区，四个城（镇）之间通过加强交通、职能定位、产业布局，成为提升 ×× 市整体实力最主要的空间依托。在 ×× 市盆地区内建设 ×× 市盆地城镇发展区，率先完成经济腾飞，带动 ×× 市的整体发展。

3）战略三：以五大支柱产业为主导的新型工业化突破战略

近期应着重发展航空产业、绿色食品、机械装备制造、旅游业、商贸物流等五大支柱产业，真正做强支柱产业，实现 ×× 市经济整体实力的快速提升。集中打造三个产业集群：航空产业集群、装备产业集群、绿色食品产业集群。

4）战略四：以弘扬优秀历史文化为重点的文化传承战略

整合 ×× 市文物古迹、栈道文化、书法文化等历史文化遗存，挖掘汉家文化发源地内涵，提升 ×× 市文化魅力。

5）战略五：以循环经济和山水生态保育为重点的生态文明战略

划定生态保护区，明确山地、河道的保护范围，对于核心区域进行严格保护；以国家级循环经济示范区带动生态型产业建设，在西部地区率先引导企业加快技术改造步伐，推进清洁生产，使污染防治逐步由末端治理向生产全过程控制转变。

4.2.3 产业发展战略

×× 市产业体系由支柱产业、战略产业和基础产业构成（图 4-16）。

1）支柱产业：基础好，条件成熟，经过努力近期有望成为 ×× 市经济支撑的产业；

2）战略产业：是指目前发展条件较为薄弱，但是符合产业发展规律，未来有望成为 ×× 市经济支撑的产业；

3）基础产业：是指保留的现有基础好、就业拉动能力强的产业。

把握 ×× 市循环经济产业集聚区建设契机，突出“循环”和“集聚”两大主题，以产业链延伸为主线，以资源的高效、集约、循环利用为核心，整合现有产业园区，延伸园区内部和园区之间的循环经济产业链条，构建 ×× 市的循环经济产业发展体系。

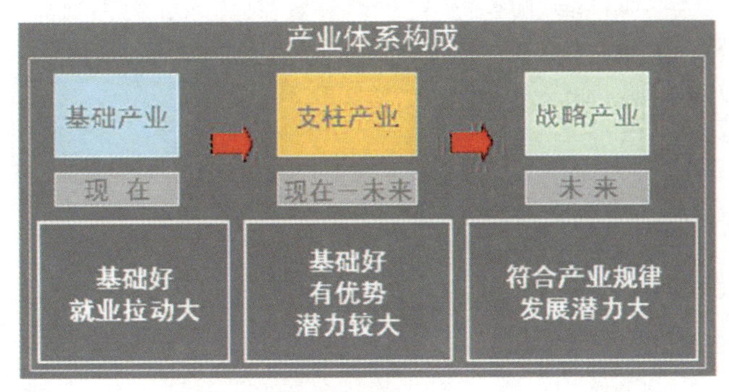

图 4-16　×× 城镇产业体系构成图

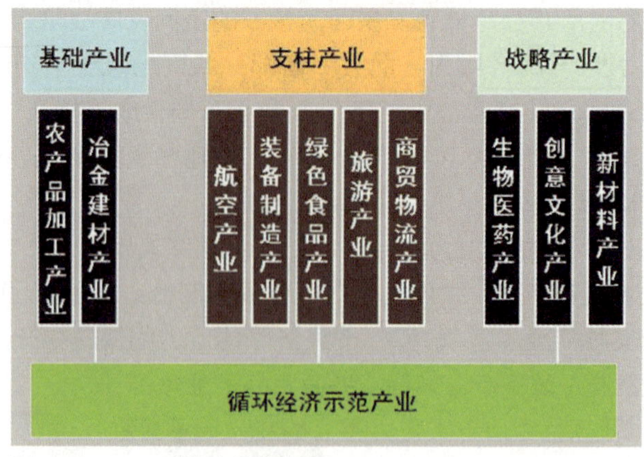

图 4–17　× × 城镇产业结构图

五大支柱产业：航空产业、机械装备制造产业、绿色食品产业、旅游产业、商贸物流产业（图 4-17）。

4.2.4　规划范围和期限

（1）规划范围

本次城市总体规划的规划范围分为三个层次，即市域、规划区和中心城区（图 4-18）。

1）市域——即 × × 市行政辖区范围，包括 1 区（汉台区）10 县，即南郑、城固、洋县、西乡、勉县、略阳、宁强、镇巴、留坝、佛坪县，总面积 27246km^2。

2）规划区——东以城固县的老庄镇、文川镇、崔家山镇、柳林镇为界；南以南郑县的黄官镇、红庙镇为界；西以勉县老道寺镇、长林镇，南郑县的阳春镇、协税镇、濂水镇为界；北以汉台区的河东店镇、武乡镇、汉王镇为界。规划区总面积为 1289km^2。

3）中心城区——规划 × × 市中心城区包括三条高速公路合围地界以内的城市建设用地和其外的三个城市组团（东面的柳林组团、北面的石门组团和南面的周家坪组团）。本次总体规划城市建设用地统计和用地平衡表的计算均以此范围为准。

（2）规划期限

× × 市城市总体规划期限为：

近期：2009 ～ 2015 年；

远期：2016 ～ 2020 年；

远景：展望到 2050 年。

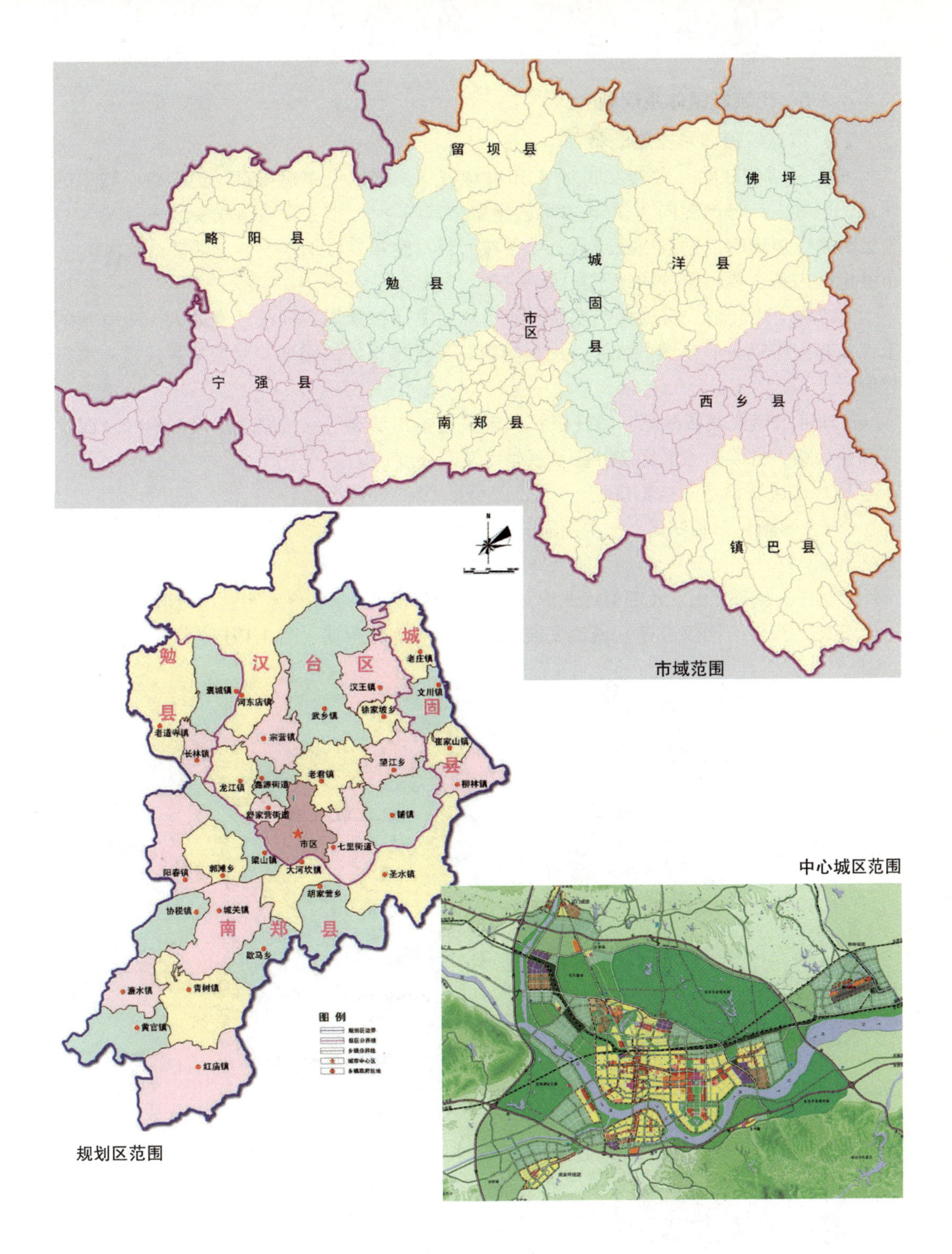

图 4-18　× × 城镇范围示意图

4.2.5 市域城镇体系规划

（1）市域城镇体系发展战略

都市圈极化战略：大力发展 ×× 市盆地城镇发展区，重点培育周边副中心城市的职能，引导人口与产业向 ×× 市盆地区集聚。其中 ×× 市盆地城镇发展区是指以 ×× 市区为主，以城固、勉县以及洋县三个县城为辅（南郑县城纳入 ×× 市区），包含 ×× 市盆地区内各主要城镇的城镇密集区。

结构优化战略：实施集中发展策略，加强重点镇建设，规模适当做大，以有限的重点镇辐射带动一般乡镇的发展。山地城镇基于生态保护的需要，对数量、规模应进行控制。

轴带状集聚发展战略：依托汉江和未来三条市域高等级公路，形成以汉江及西汉成高速公路为脊梁的市域经济社会发展轴以及交通发展轴。

（2）市域城镇空间结构规划

"一主两副、三轴四区"一主两副——一个主核心：×× 市区；两个副核心：城固、勉县县城；

四区——南部巴山、北部秦岭保护发展区、西部发展片区、×× 市盆地城镇发展区；

三轴：汉江（西汉高速）城镇发展主轴以及两条交通轴（图 4-19）。

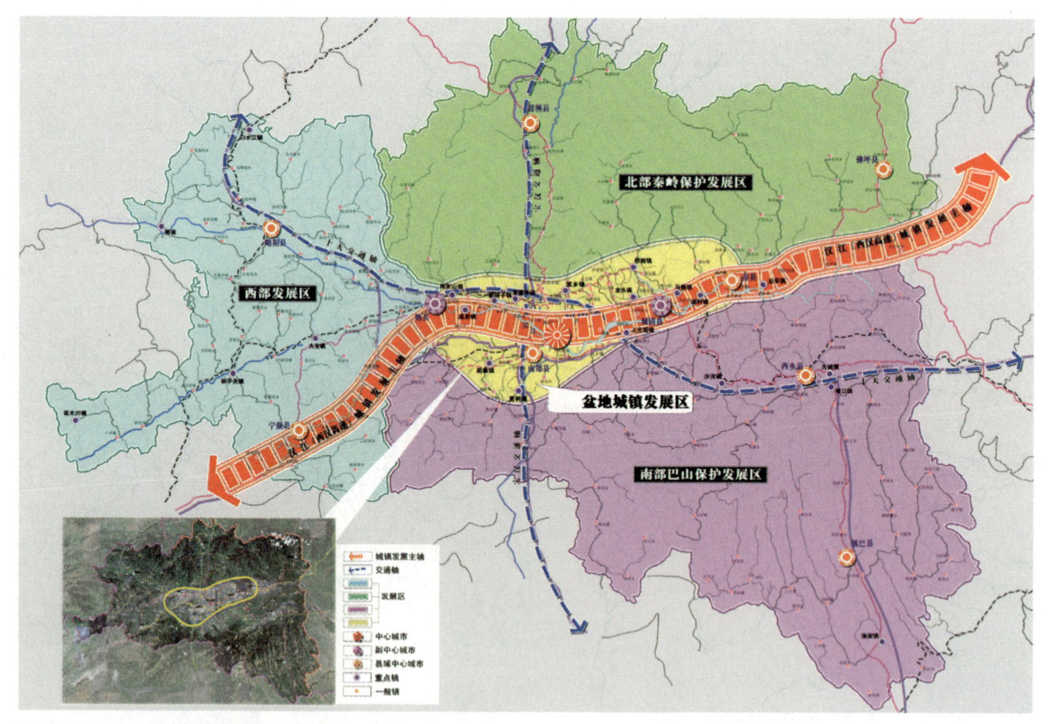

图 4–19　×× 城镇市域空间结构图（市域城镇体系规划的其他内容可参见前案例）

4.2.6 城市性质与规模

(1) 城市性质

城市性质为以汉文化为主要特色的国家级历史文化名城，陕甘川渝毗邻地区省际开放的枢纽城市，生态环境优越的宜居休闲城市和优秀旅游城市。

(2) 城市职能

"大汉先声"、汉之渊源，两汉三国文化——国家级历史文化名城

陕甘川渝省际交汇区域——交通枢纽城市

"西三角经济圈"联动纽带——商贸物流中心

长江上游地区绿色屏障，汉江、巴山、秦岭——生态宜居城市

国家南北交界地区，生态环境最优——旅游休闲城市

(3) 市域人口与城镇化水平

近期2015年，××市域常住人口规模为390万人，城镇化水平为47%，城镇人口为183万；

远期2020年，××市域常住人口规模为410万人，城镇化水平为56%，城镇人口为230万。

(4) 城市人口规模

近期2015年，××市中心城区人口规模规划控制在85万人左右；

远期2020年，××市中心城区人口规模规划控制在100万人左右。

(5) 城市建设用地规模

近期2015年，××市中心城区建设用地规模控制在85km^2，人均建设用地控制在100m^2/人。

远期2020年，××市中心城区建设用地规模控制在100km^2，人均建设用地控制在100km^2/人。

4.2.7 规划区城乡统筹规划

规划区空间格局为"一江两岸三山五景区"(图4-20～图4-22)：

一江：汉江；两岸：江北、江南；

三山：天台山—哑姑山、梁山、汉山；

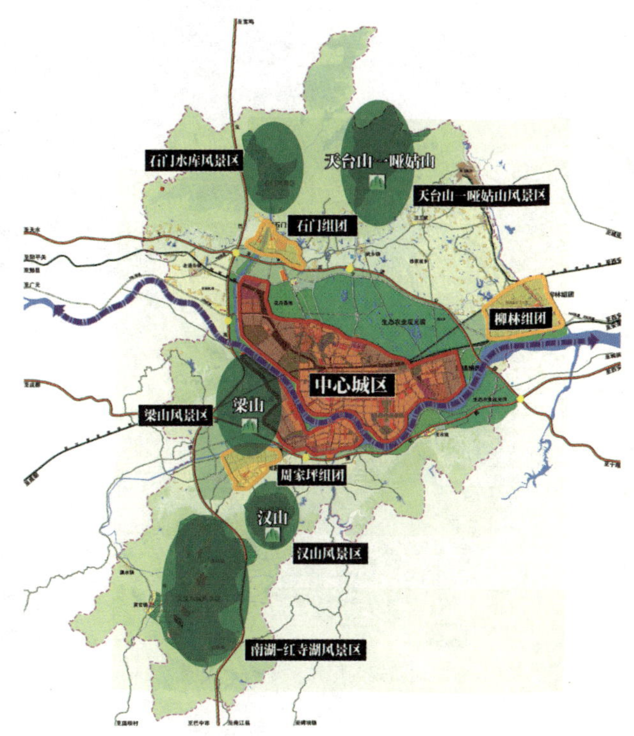

图4-20 ××城镇规划区布局结构图

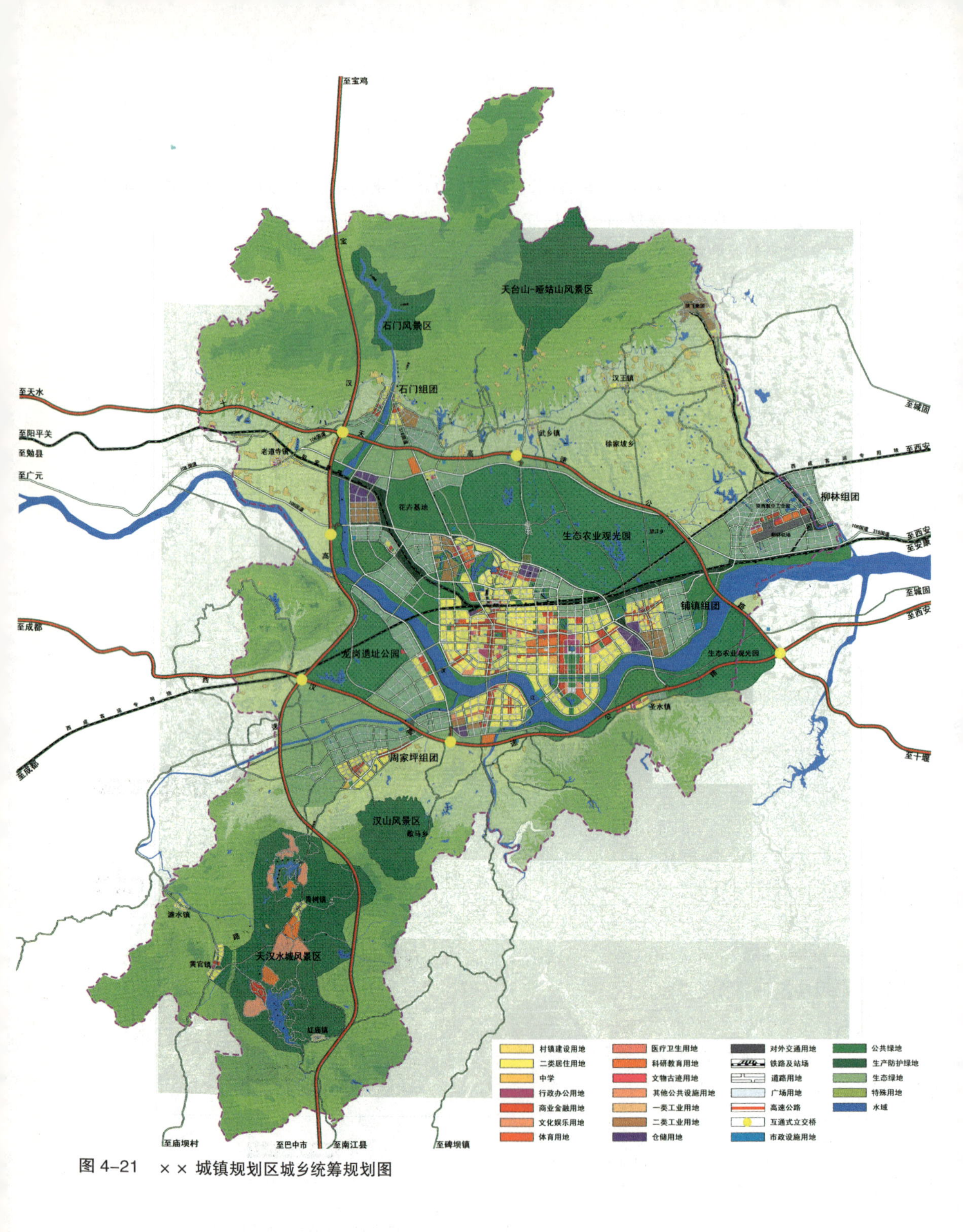

图 4-21　××城镇规划区城乡统筹规划图

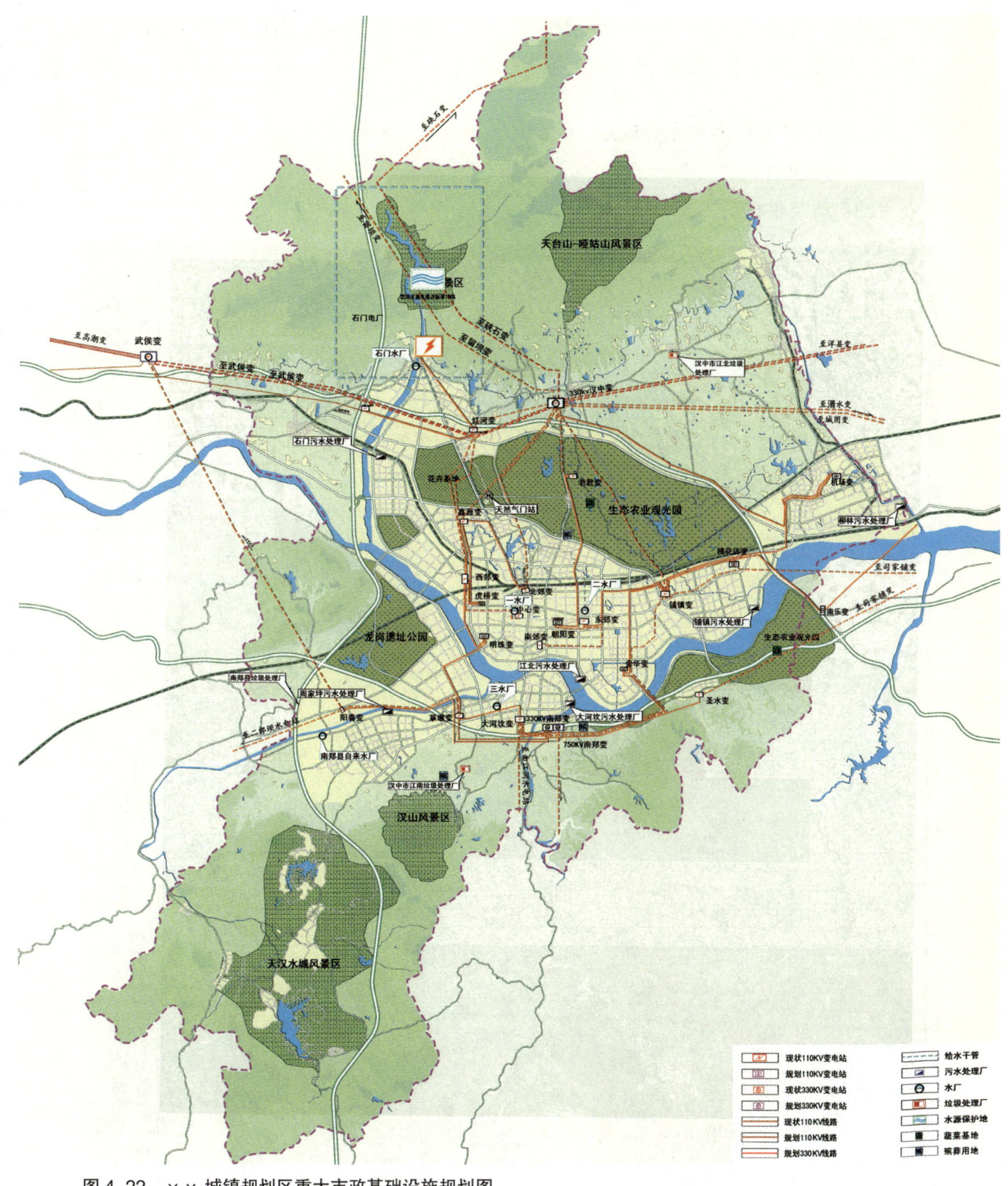

图 4-22 ×× 城镇规划区重大市政基础设施规划图

五景区：五个风景区——石门水库风景区，南湖—红寺湖风景区（天汉水城），天台山——哑姑山风景区，汉山风景区，梁山风景区。

4.2.8 中心城区用地布局规划

（1）用地评价

用地自然条件评价主要包括（图 4-23）：

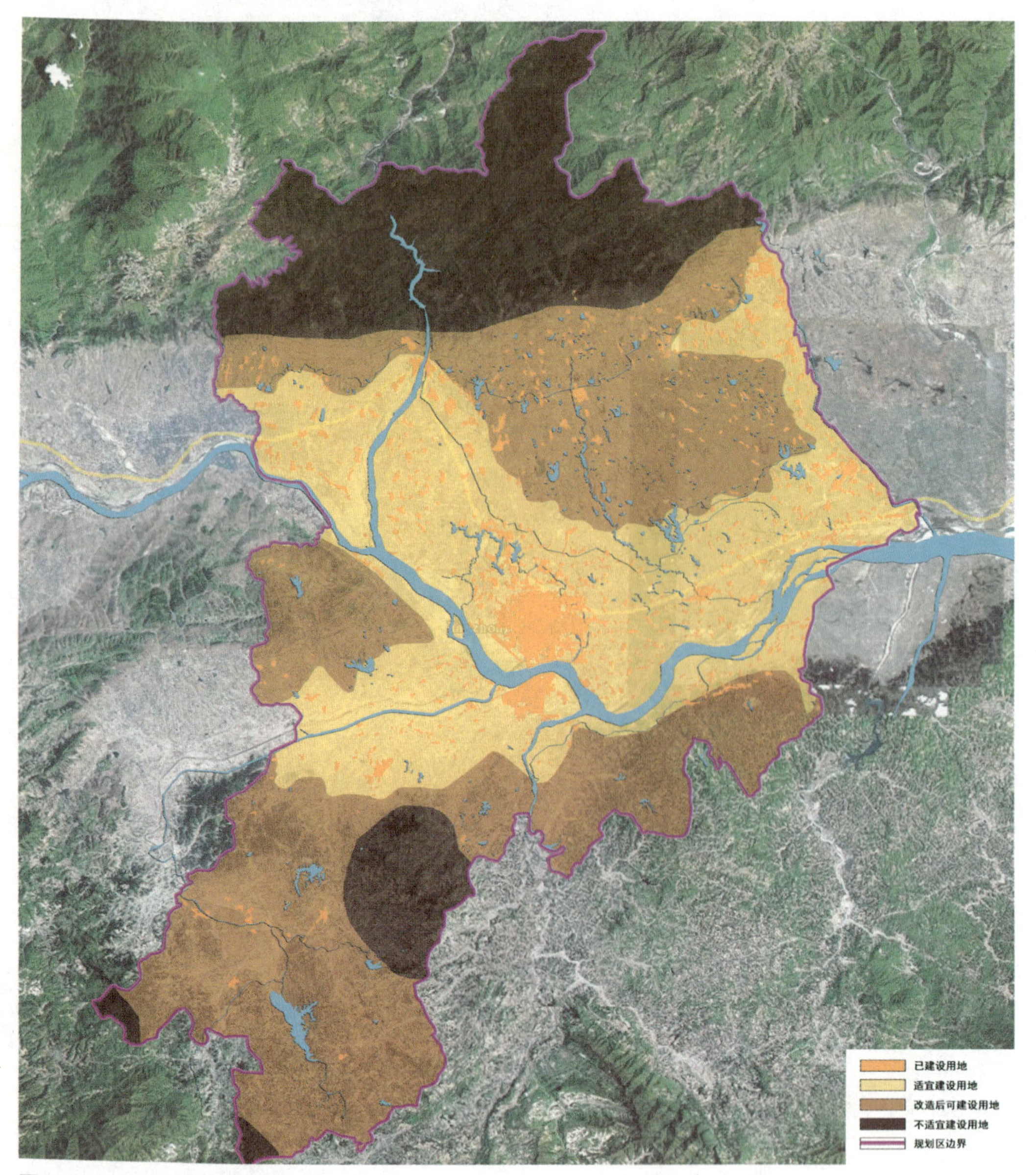

图 4-23　××城镇建设用地评价图

综合考虑地形地貌、地质条件、水文条件、地质灾害等要素，结合城市规划中用地评定的等级和工程适应性，将规划区建设用地划分为三个等级：（1）适宜建设用地；（2）改造后可建设用地；（3）不适宜建设用地。

分析得出：×× 市中心城区周边地形相对比较适合城市建设，尤其向东、向西两个方向最为适合城市建设，向南周家坪一带地势比较平坦，适宜城市建设，向北地形相对比较复杂。

（2）城市发展方向

城市的发展方向可概括为“南移、东扩、西进、北优”。

（3）城市空间结构

城市空间结构为“一江、两区、三组团”（图 4-24）。

1）一江——汉江三弯，分成三段

①上游段：一面城一面山，以高尔夫球场、自驾营地、登山休闲营地、龙岗寺人文观光为主要内容；以原生态景观为特色，旨在吸引年轻群体，具有时尚旅游休闲特点。

②中游段：两面城，以娱乐观光、汉文化体验和现代都市观光为主要内容。以体现都市活力、人文内涵的都市滨江景观和都市夜景为特色。

③下游段：一面山，一面绿，规划以圣水大地花卉景观、金华休闲度假、创意街区、汉风庭院、客栈为主要内容。以城市和汉山为背景，组成开敞宏大的景观。

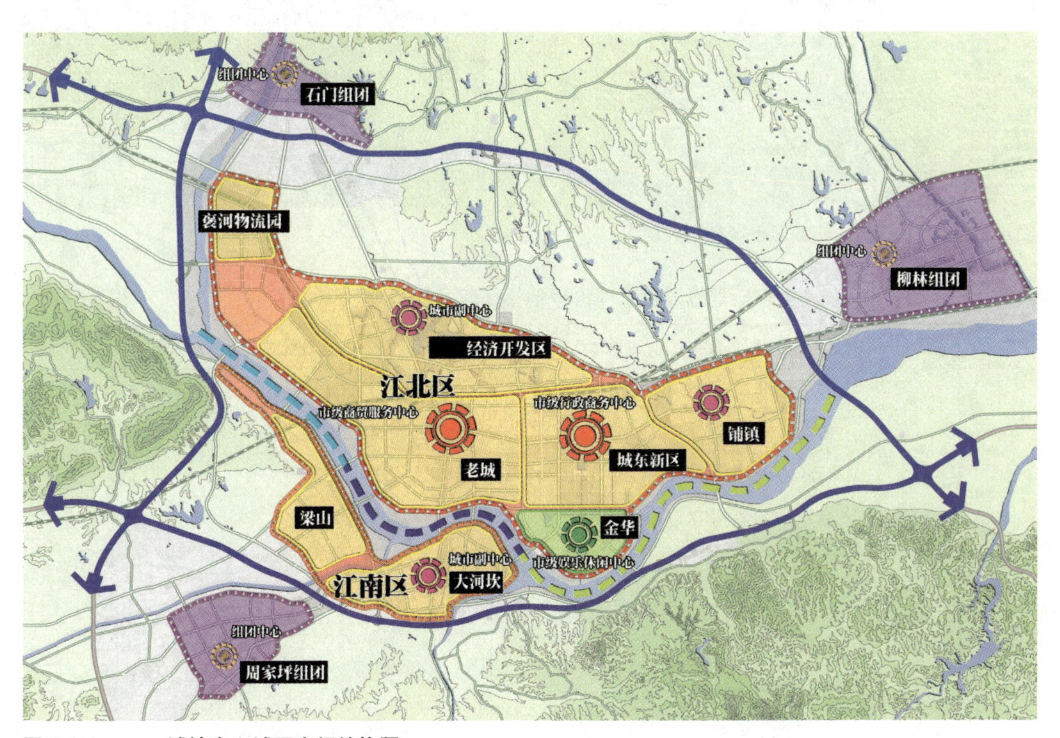

图 4-24　×× 城镇中心城区空间结构图

2）两区——江北区和江南区

①江北区包括六个片，分别是：老城、城东新区、开发区、金华、铺镇、褒河物流园。2020 年规划人口 70 万人。

②江南片包括两个片区，分别是梁山、大河坎。

③三个组团：石门组团、柳林组团和周家坪组团（图 4-25、表 4-7）

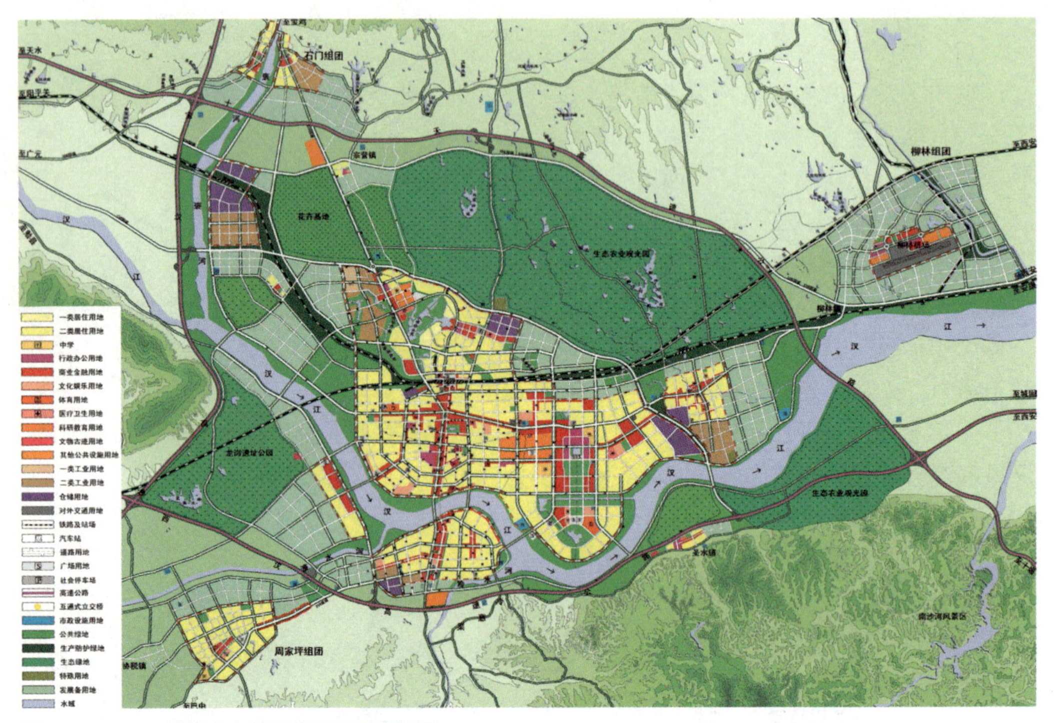

图 4–25　× × 城镇中心城区土地利用规划图

× × 市规划远期城市建设用地平衡表（2020 年）　　表 4–7

序号	用地代码	用地名称	面积（hm^2）	占城市建设用地比重（%）	人均（m^2/ 人）
1	R	居住用地	3680.69	36.64	36.81
2	C	公共设施用地	1566.84	15.60	15.67
	其中	行政办公用地	121.34	1.21	1.21
		商业金融业用地	1002.66	9.98	10.03
		文化娱乐用地	115.38	1.15	1.15
		体育用地	52.54	0.52	0.53
		医疗卫生用地	62.03	0.62	0.62
		教育科研设计用地	204.08	2.03	2.04
		文物古迹用地	8.81	0.09	0.09

续表

序号	用地代码	用地名称	面积（hm^2）	占城市建设用地比重（%）	人均（m^2/人）
3	M	工业用地	596.51	5.94	5.97
4	W	仓储用地	400.47	3.99	4.00
5	T	对外交通用地	196.59	1.96	1.97
6	S	道路广场用地	1642.51	16.35	16.43
	其中	道路用地	1532.00	15.25	15.32
		广场用地	74.24	0.74	0.74
		社会停车场用地	36.27	0.36	0.36
7	U	市政设施用地	120.69	1.20	1.21
8	G	绿地	1825.62	18.17	18.26
	其中	公共绿地	1449.65	14.43	14.50
9	D	特殊用地	15.14	0.15	0.15
总计		城市建设用地	10045.06	100. 00	100.45

4.2.9 公共设施规划

规划两个市级综合中心：

1）现有市级中心：传统商业、行政中心。

2）城东新区市级中心：现代商圈、商务中心、科研信息中心。

规划六个专业中心：北站商贸流通中心；大河坎传统餐饮、休闲娱乐中心；梁山旅游服务、度假中心（家庭酒店、第二居所）；金华休闲中心（茶室、酒吧、园林）；旧机场现代餐饮、高级旅游服务中心（高级酒店、高级江景住宅）；大学城教育中心（图 4-26）。

4.2.10 水系绿地系统规划

"河沟两岸、干道双侧、广场公园、道路绿化"。

规划共 14 个广场：政府广场、火车站广场（扩建）、中心体育广场（市体育中心）、兴汉广场、三国广场、南郑广场、惠丰广场等。规划 3 个综合性公园：兴元湖、莲花池、汉江湖公园；4 个专类公园：陕南植物园及拜将坛、饮马池、龙岗文物遗址公园；4 个市级公园：金华、李家湾、人民、濂水公园（图 4-27）。

4.2.11 道路交通规划

(1) 规划的道路系统结构为"四环两横两纵"

"四环"：高速环、外环（快速环路）、中环（二环路）、内环（一环路）

"两横"：虎头桥路+兴汉路、滨江路；"两纵"：天汉大道、天台路+团结路+圣水路。

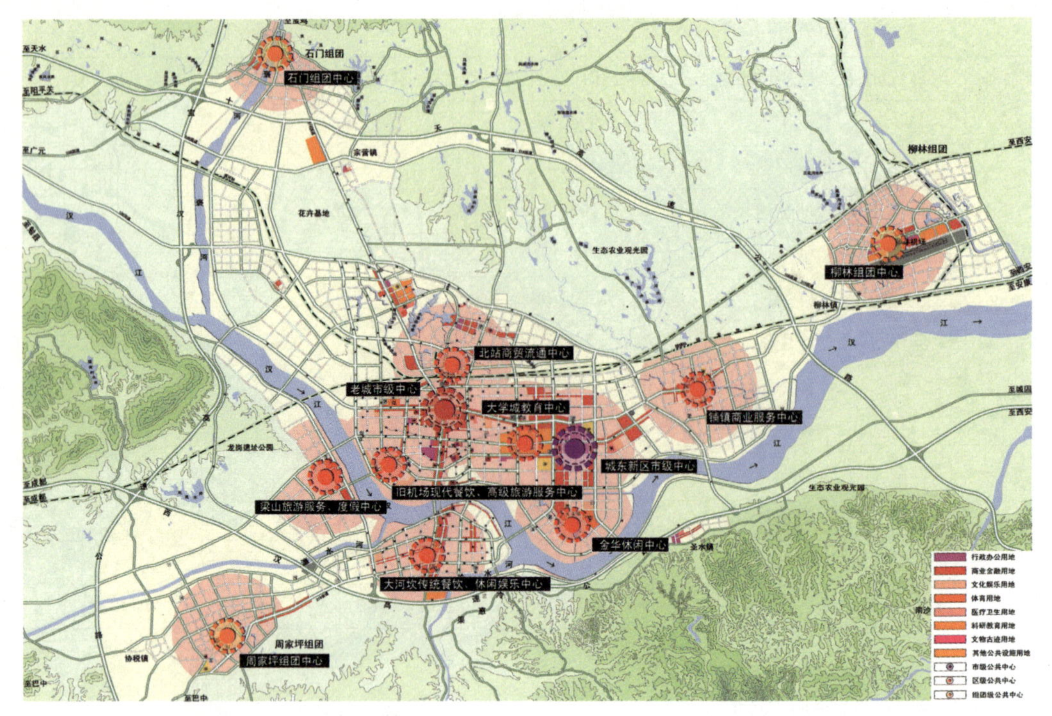

图 4–26　××城镇公共设施用地规划图

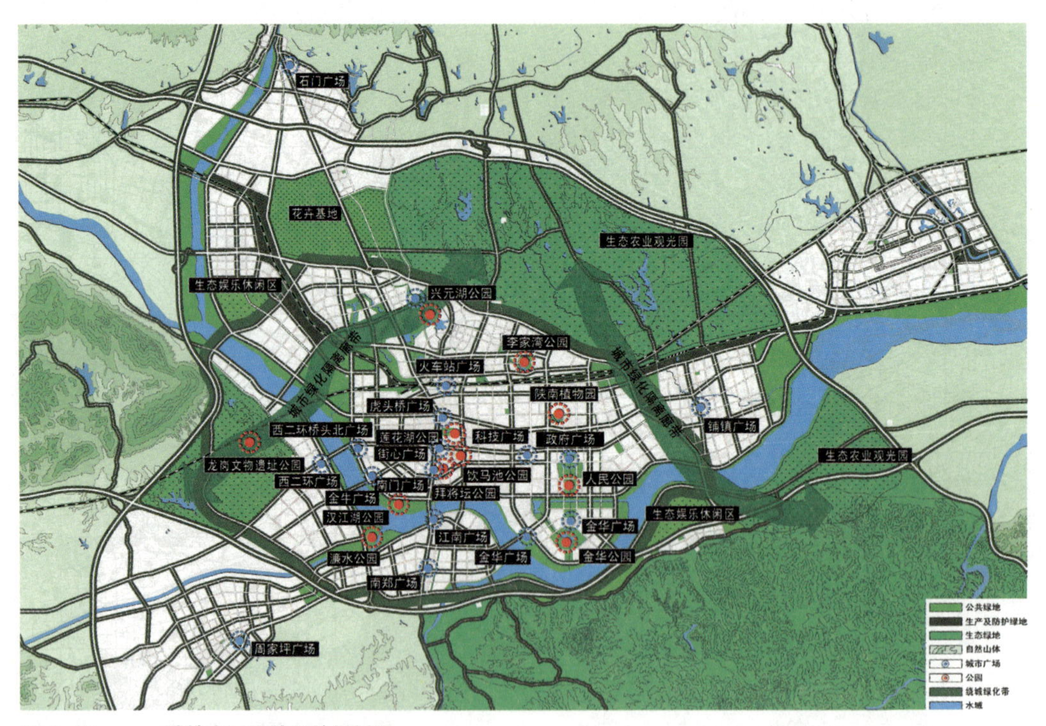

图 4–27　××城镇水系绿地系统规划图

（2）道路等级规划

城市道路分为快速路、主干路、次干路、支路四级。快速路规划道路红线宽度为 50 ～ 60m，主干路规划道路红线宽度为 32 ～ 60m，次干路道路红线宽度一般为 24 ～ 40m，支路红线宽度一般为 15 ～ 25m。

规划设置一条快速外环路，北段和东段可以利用现状的 108 国道，环线总长度为 50km。规划的高速公路连接线也应采用快速路形式，包括宝汉高速公路连接线和十天高速公路连接线。

（3）交通设施规划

规划设 7 个长途汽车站；14 处社会停车场（图 4-28）。

4.2.12 历史文化名城保护规划

（1）市域文化遗产保护（图 4-29）

规划框架为“一核、一圈、五片”：

1）“一核”——以历史城区为名城保护核心；

2）“一圈”——整合“×× 市盆地城镇发展区”内的历史文化资源，形成以 ×× 市盆地为基底的历史资源保护圈域。

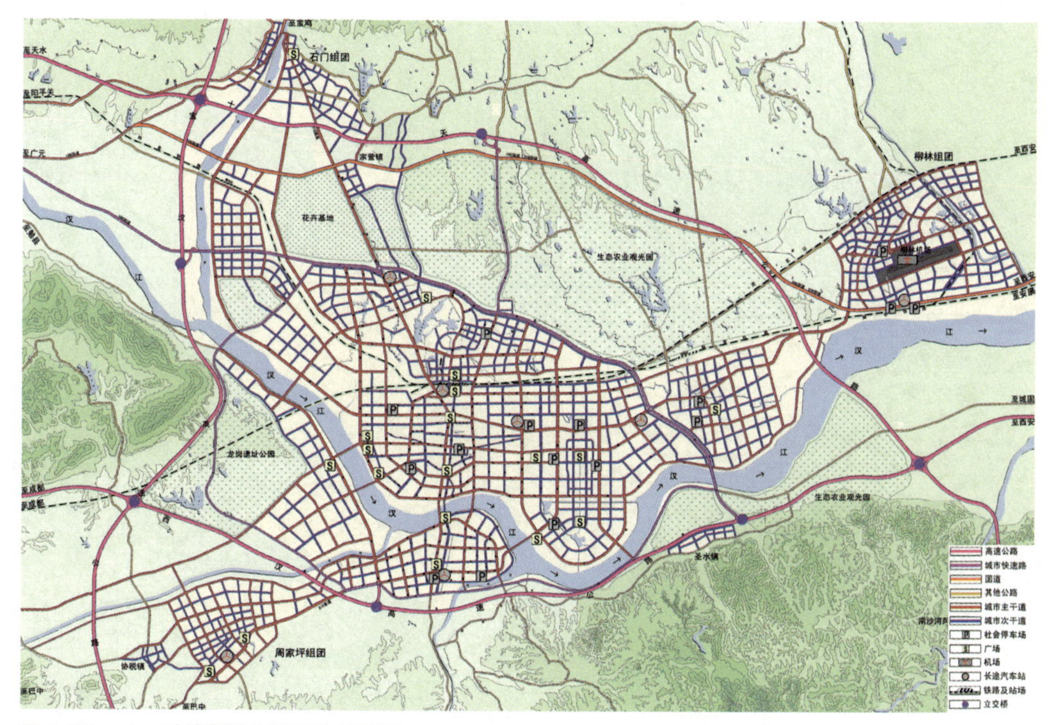

图 4-28 ×× 城镇道路交通系统规划图

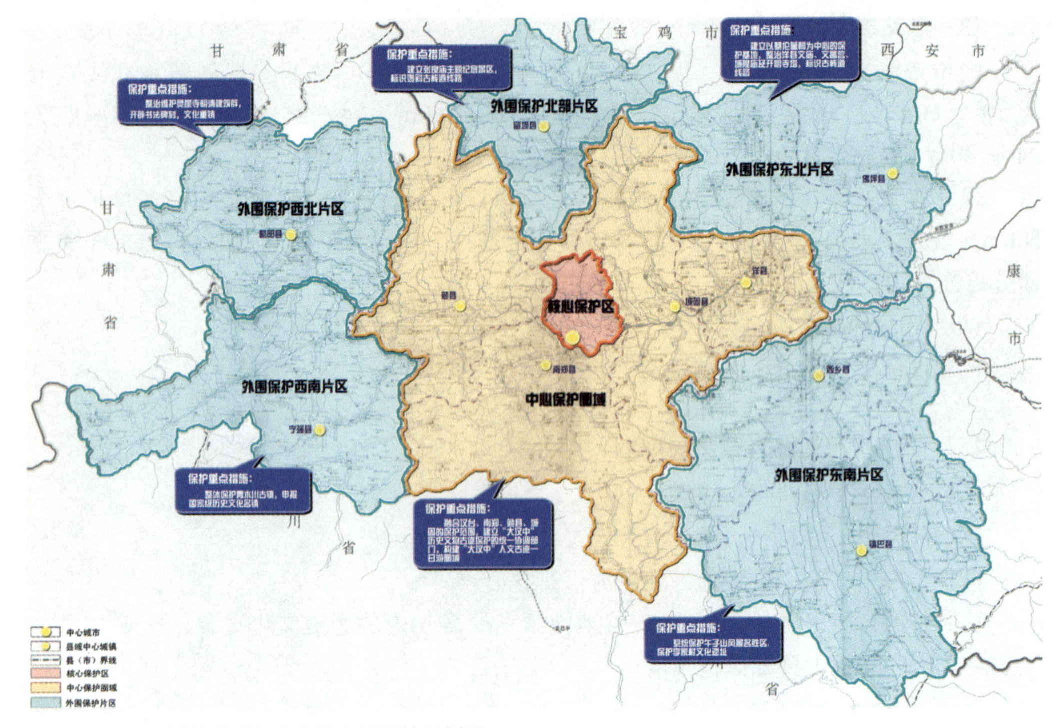

图 4–29　× × 城镇市域历史文化名城保护规划图

3）"五片"分别为：

①北部片区——留坝县；

②东北片区——洋县、佛坪县；

③东南片区——西乡县；

④西北片区——略阳县；

⑤西南片区——宁强县。

（2）历史城区保护规划（图 4-30）

建立"一廓、双轴、四区、两园"的名城空间保护结构：

1）一廓——梳理标识老城故有城垣形廓；

2）双轴——继承贯通东西的老城横轴、上下交错的老城纵轴；将现代城市框架中隐含的历史格局标识出来，延续传统街巷系统的构成图形与实体形态风貌。

3）四区——古汉台历史文化街区；东关正街历史文化街区；西关正街历史文化街区；南关正街历史文化街区。

4）两园——瑞王府历史文化遗址公园、文庙历史文化遗址公园。

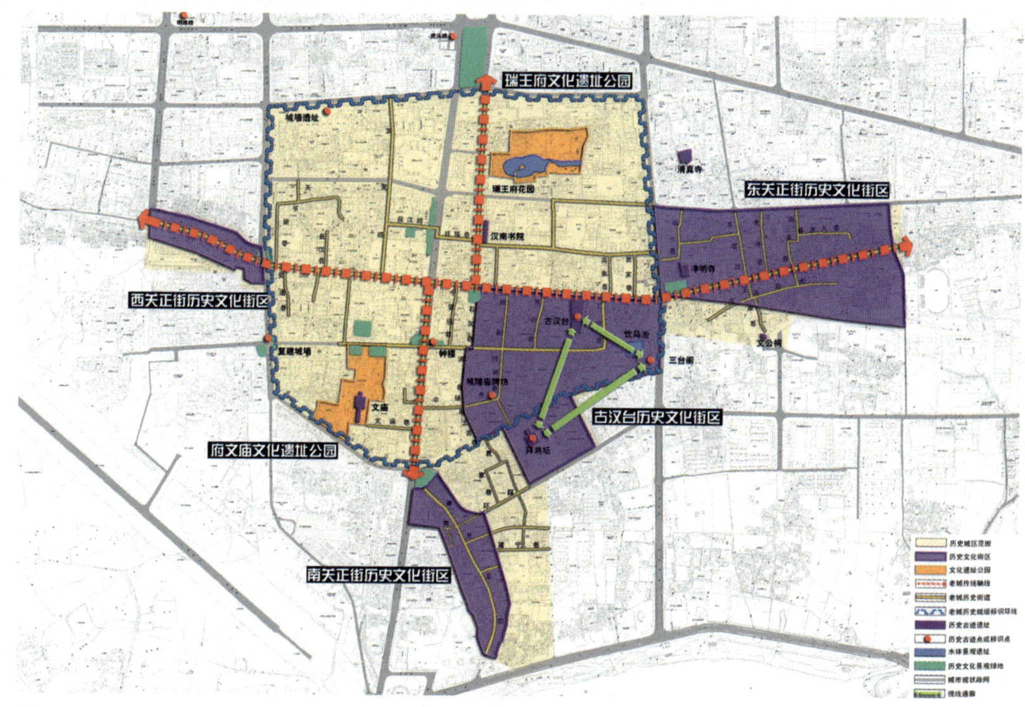

图 4–30 ×× 城镇中心城区历史文化名城保护规划图

4.2.13 重要市政基础设施规划

（1）给水工程

1）用水量预测

2020 年中心城区最高日用水量为 42.8 万 t。

2）水源选择

褒河水库地表水及地下水。

3）水厂规划

保留一、二水厂，扩建三水厂及周家坪水厂，续建褒河水库水厂，新建铺镇水厂及柳林组团水厂（图 4-31）。

（2）污水工程

1）排水体制

规划中心城区采用雨污分流排水体制。

2）污水处理方式

污水处理采用相对集中处理的方式，为 6 个分区，即：江北区西部、江北区东部及江南区排水分区与石门组团及褒河物流园区、周家坪组团、柳林组团排水分区。

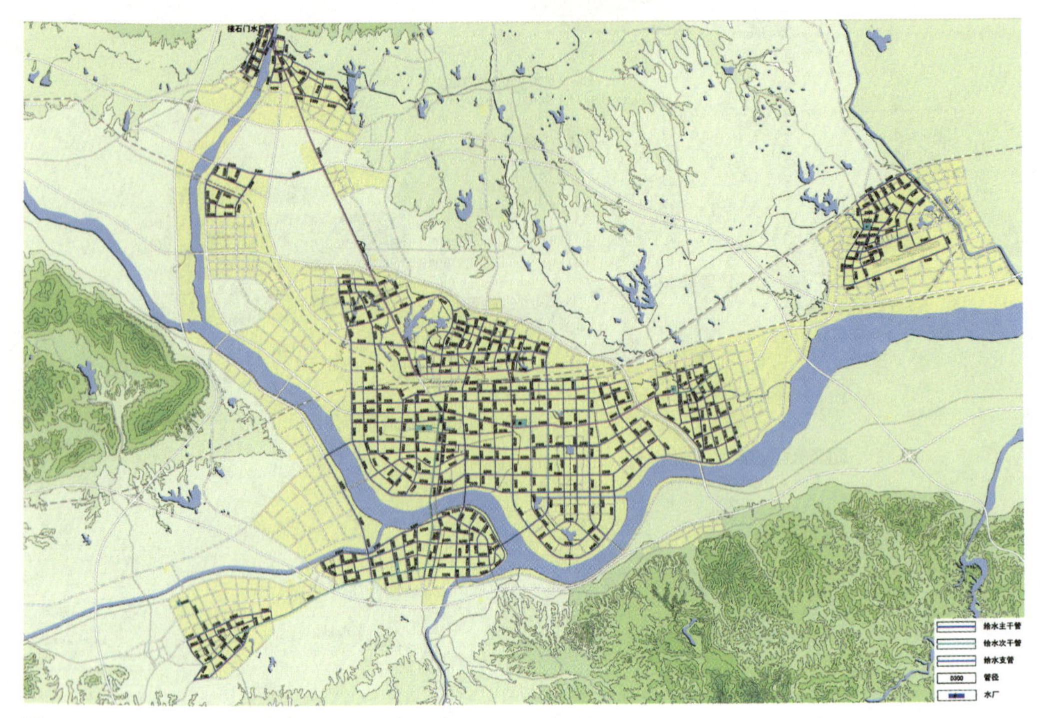

图 4-31　× × 城镇中心城区给水工程规划图

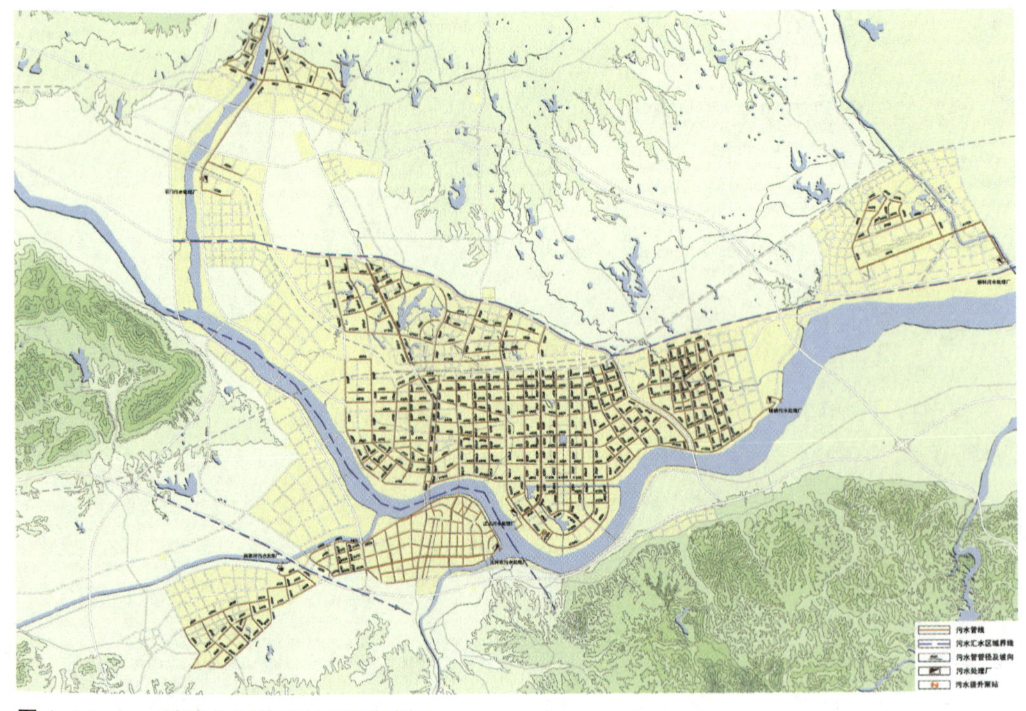

图 4-32　× × 城镇中心城区污水工程规划图

3）污水量预测

2020 年中心城区平均日污水量为 34.2 万 t。

4）污水处理厂规划

2020 年中心城区规划污水处理厂 6 个：江北污水处理厂、江南污水处理厂、铺镇污水处理厂、周家坪组团污水处理厂、褒河污水处理厂、柳林组团污水处理厂。总处理规模 34.7 万 t/ 日（图 4-22）。

（电力、电信、供热、燃气、防灾、环保等内容略）

4.2.14 近期建设规划

规划期限：2009 ～ 2015 年。

规划规模：至 2015 年，中心城区规划预测人口规模为 85 万人，城市建设用地达到 $85km^2$，人均建设用地指标为 $100m^2$/ 人。

近期规划建设内容

近期中心城区主要建设内容包括：天汉大道新桥、西二环大桥、滨江西路、旧机场片区开发建设，城东新区的开发建设，鑫源和大河坎组团的完善，铺镇组团的初步形成以及汉江两岸的景观打造（图 4-33）。

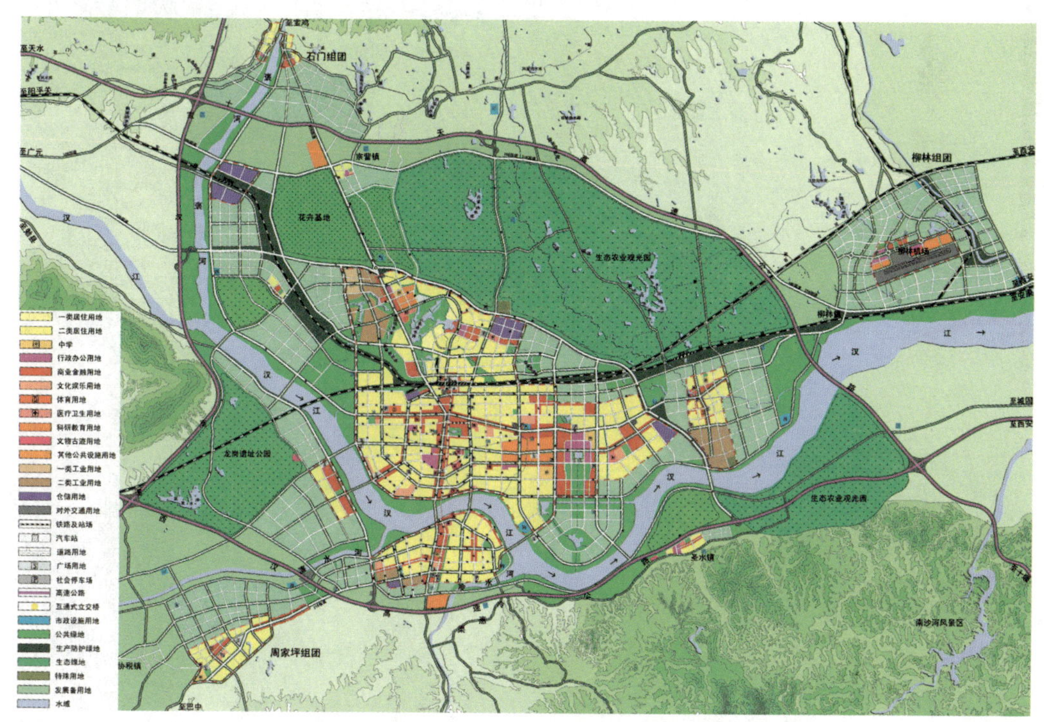

图 4–33 ×× 城镇中心城区近期建设规划图

4.3 控制性详细规划——×× 县北门水库周边地区控制性详细规划

4.3.1 项目概况

×× 县位于四川盆地中南部，县城北距离成都市中心 90km，南到乐山 80km，西距眉山 38km。本项目涉及范围以北门水库为中心，北起省道 106 线，南至寿乡路，东靠飞泉山山麓，西至南干渠。规划总用地面积约 89.7hm^2。其中包含北门水库及周边鱼塘在内的现状水域面积共计 10.7hm^2。

4.3.2 功能定位

根据县城总体规划的要求，北门水库地区在控制性向西规划中确定了城市旅游度假区的总体定位，明确北门水库地区是 ×× 县未来的购物、休闲、旅游中心和生态型生活居住基地，既是 ×× 县西北部的城市旅游度假区，又是黑龙滩风景区重要的配套基地和有机组成部分。

在此基础上，控制进一步明确了北门水库地区需设置的特色商业、休闲产业、文化

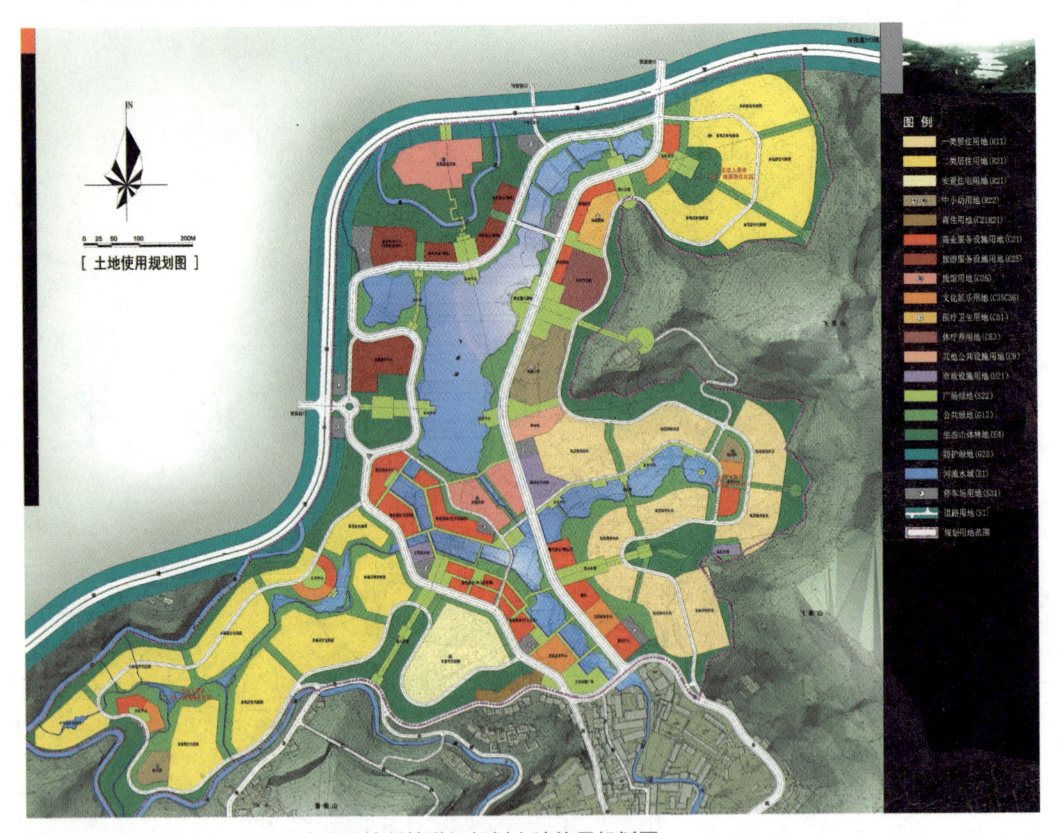

图 4-34 四川省 ×× 县北门水库区控制性详细规划土地使用规划图

旅游、生态居住四大功能，同时通过“飞泉湖畔”的案名突出其山水休闲风情小镇的形象定位，并成为××县城市建设、城市特色商业、城市休闲产业、高尚生态居住产业发展的典范。作为县城西北角的门户与窗口，依托现状山水自然资源，展现独特的整体环境与风貌，形成“山－城－水”的有机和谐的、多元化、生态型并具有文化品位的城市新区。

4.3.3 规划特色

在确定北门水库地区的总图发展目标与格局的基础上，项目尝试从城市设计的角度进一步研究北门水库地区的城市空间形态。由于城市设计具有明显的整合优势，此项目是在参照国家相关标准、编制完整的控制性详细规划的基础上，实现城市设计成果与法定的控规成果的结合。

（1）用地布局（图 4-34、图 4-35）

留出山水通廊，强调组团式的城市布局。形成“一带、双轴、三点、六区”的规划结构。

“一带”：环北门水库核心公建带。

“双轴”：指南北城市发展轴和滨水休闲旅游发展轴。

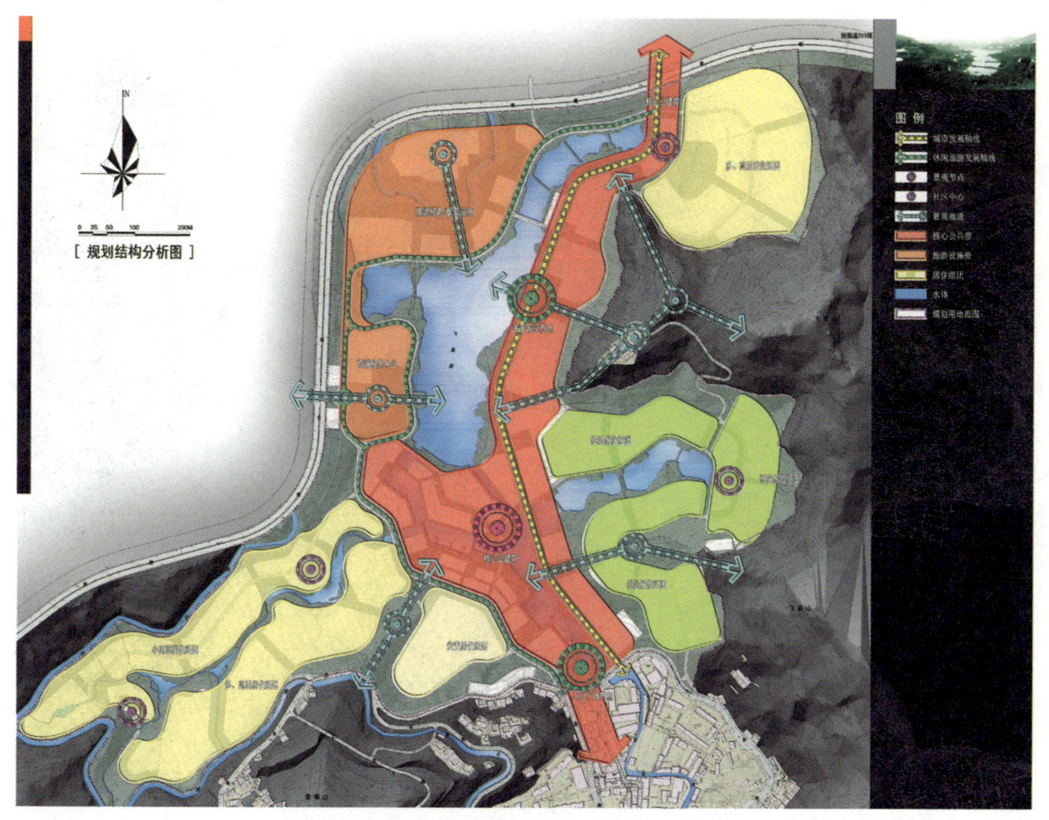

图 4–35 四川省××县北门水库区控制性详细规划结构分析图

“三点”：三个主要的公共节点，分别为门户节点、特色商业风情街节点和主要视线焦点。

“六区”：为六大功能区，分别为 4 个居住组团、1 个核心公建带和 1 个旅游服务配套设施带。

（2）道路交通（图 4-36）

以现状路网和地形走向为依据，结合地块开发的需要进行道路网规划。全区路网以“顺应地形、依山就势”为特点，形成与地形走向完美结合的“一主环、二次环”曲线路网结构。

（3）绿地景观（图 4-37）

注重基地山水绿色环境，留出多条绿色通廊，将整个地区的绿化开放空间编织成网络。

（4）节能环保

在控规环境保护规划的基础上，进一步研究北门水库地区的节能、节水、节电和环境保护问题，努力实现地区运营的零排放。建立中水回用系统、水系湿地自净与自循环系统，并且通过城市设计引导，对太阳能、风能、地热与建筑节能系统均作考虑与应用。

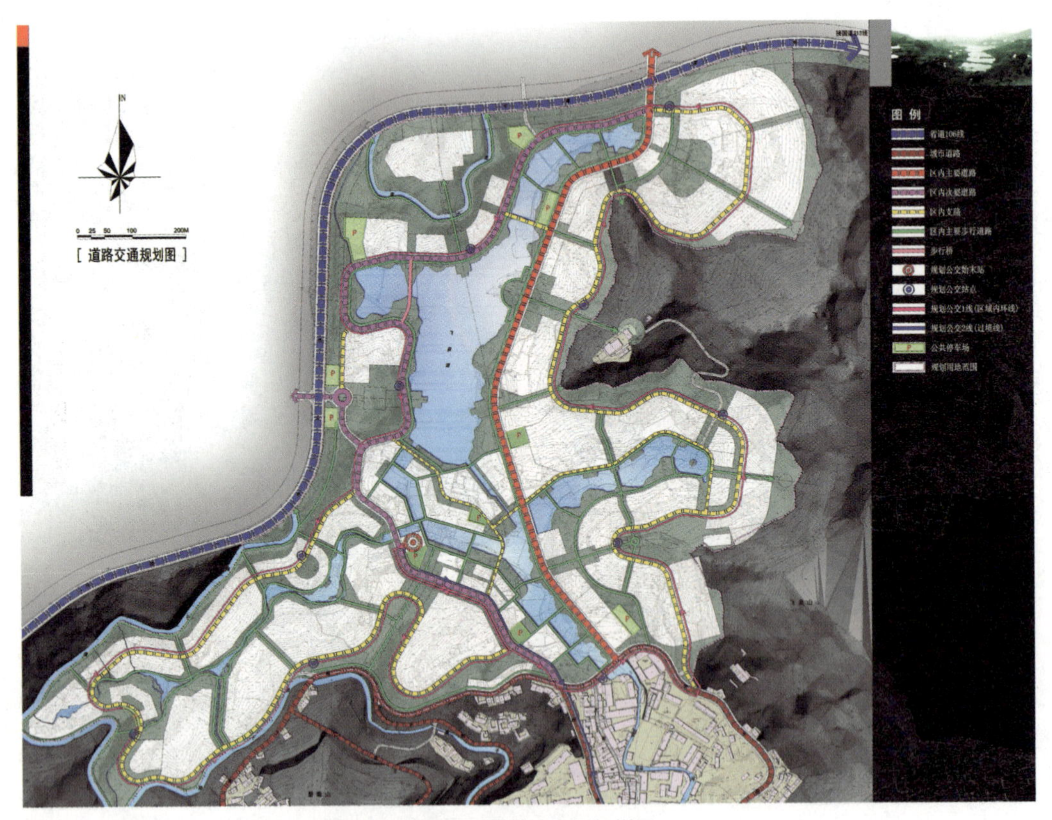

图 4-36　四川省 ×× 县北门水库区控制性详细规划道路交通规划图

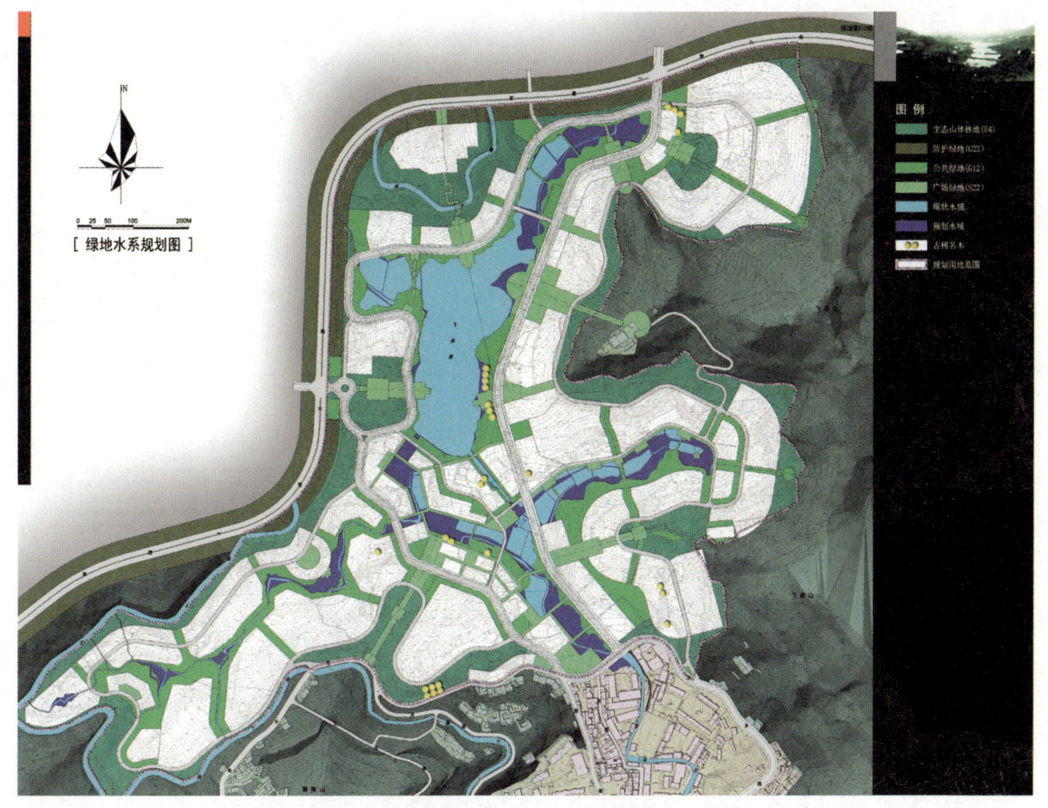

图 4-37 四川省 ×× 县北门水库区控制性详细规划绿地水系规划图

4.4 城市设计——×× 市新区城市设计

4.4.1 基地现状分析

规划总用地面积为 2336.32hm^2，城市建设总用地面积为 850.03hm^2，占总用地的 36.4%（图 4-38 ～图 4-40）。

4.4.2 发展条件分析（SWOT 分析）

1）优势（STRENGTH）

①空间区位优越：×× 市最靠近大连的城区；囊括最重要的城市发展片区。

②土地存量充足：可用地面积达 23.36km^2。

③生态资源优美：靠山面海，包括千山山脉、亮子山、五里台山、东大山、大坨山、南山等；河流贯穿：鞍子河、坨西河等。

2）不足（WEEKNESS）

①基础设施建设滞后：道路网未形成体系；围海造田；部分村落和工厂需搬迁。

图 4–38　× × 市新区城市设计土地使用现状图

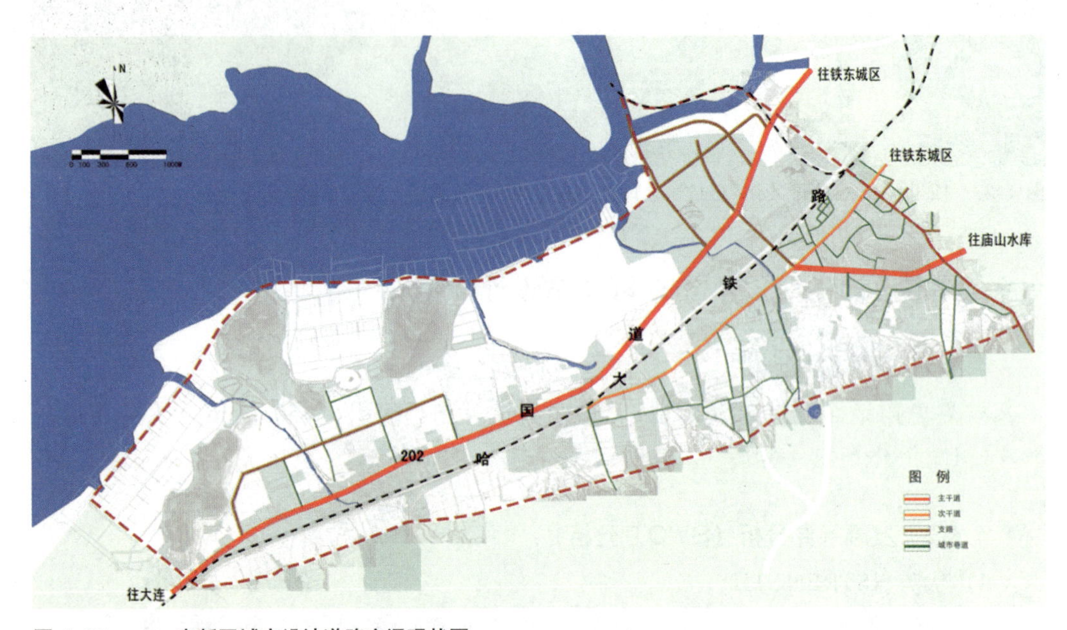

图 4–39　× × 市新区城市设计道路交通现状图

②过境交通分割严重：202 国道、哈大线以及未来的城际轻轨线。

3）机遇（OPPORTUNITY）

①“大大连”发展规划：西拓北进的建设布局和建设框架已经拉开，使得新区的中心职能进一步完善与提高。

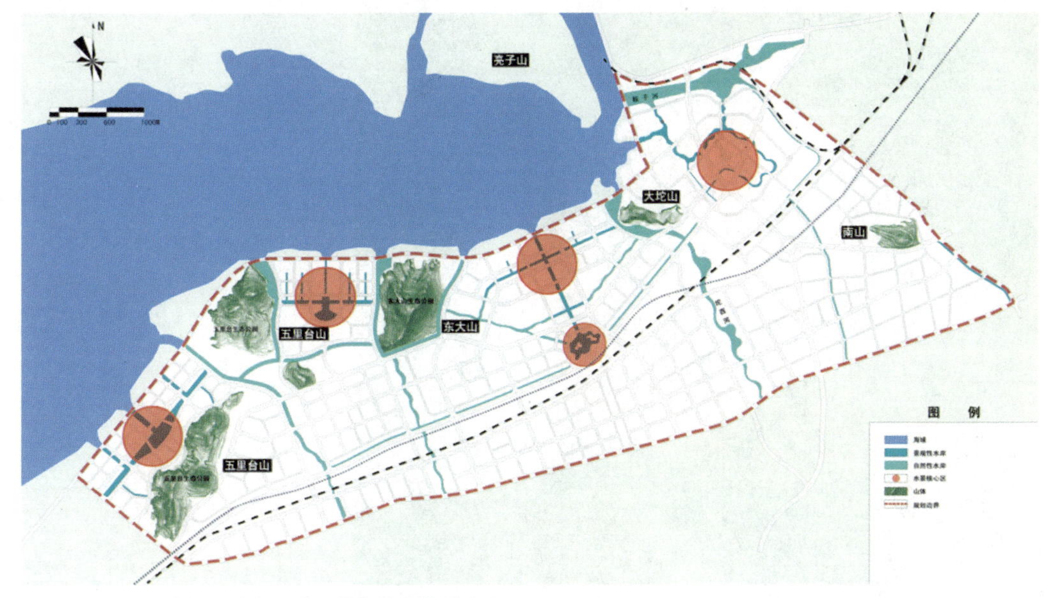

图 4-40 ×× 市新区城市设计现状自然山体分布图

②“环 ×× 市湾”发展战略：打造精华板块，以城市化、市场化和信息化带动 ×× 市全市经济实现跨越式发展。

4）挑战（THREAT）

区域资源竞争激烈：产业、资源、人才等结构性矛盾突出；经济建设、产业承接需要跨越式的发展。

4.4.3 与总体规划的衔接

1）居住：居住片区包括铁西居住片区、南山居住片区、湾底居住片区、铁东居住片区等。

2）公共设施：总体规划的整体用地安排初衷为“环 ×× 市湾”，意在形成高品质的城市滨海岸线。本次规划用地将城市的核心服务功能和高品质建设用地由滨海向内陆纵深布局。市级行政中心、市级金融商务中心、市级文化中心、市级体育中心和大学校区均设置在湾底新区。

3）绿化：本次规划在此基础上对城市空间布局进行丰富和完善，使海、河、山等滨海自然要素与城市空间达到更好的渗透与交融。鞍子河、坨西河、东大山等成为三条主要的生态廊道；建设鞍子山、东大山、五里台生态等三处生态公园；沿 ×× 市湾建设滨海带状公园，起点自五里台海滨浴场，终点至湾底亮子山。

4）交通：规划快速交通环、生活交通环以及滨海交通环等多条环 ×× 市湾的环路；采取方格网状、环形 + 放射状路网形态；建设轻轨三号线延伸线和大型公共交通枢纽（图 4-41、图 4-42）。

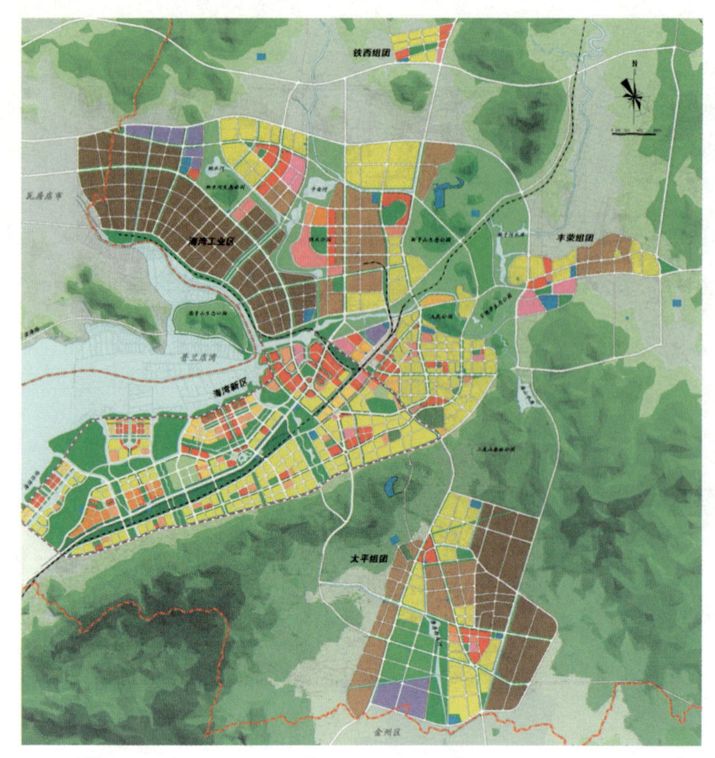

图 4–41　× × 市新区城市设计与总体规划用地衔接图

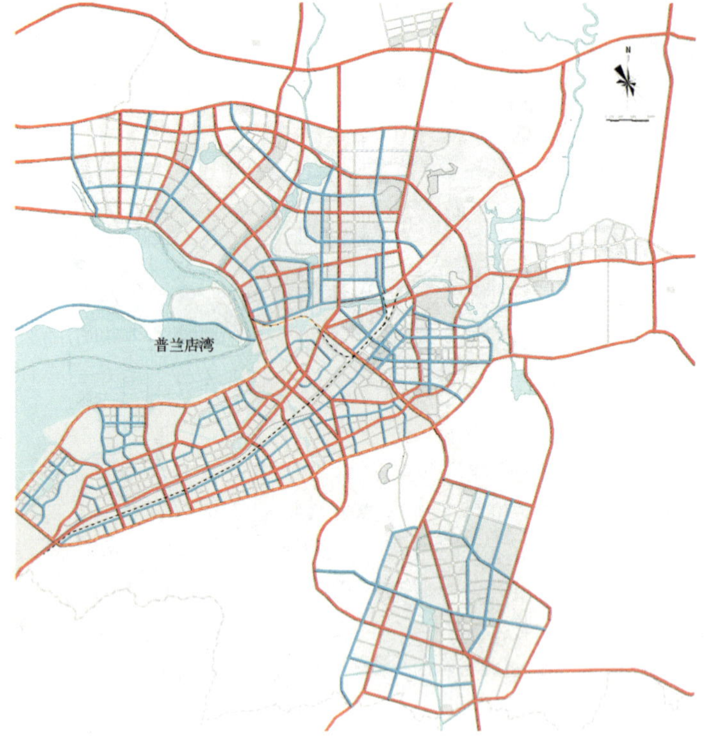

图 4–42　× × 市新区城市设计与城市总体规划路网衔接图

4.4.4 规划目标与策略

(1) 规划目标

目标 1：印象转型

——凸显海洋城市特色，从内陆城镇印象向滨海旅游城市印象转型。

目标 2：职能更新

——利用生态区位优势，从生产型城市职能向宜居型城市职能转变。

目标 3：记忆重拾

——彰显地方历史文化，充分挖掘与延展城市的历史遗存和地域特质。

(2) 规划策略

1) 策略 1：重新疏理"海、山、城"关系，真正实现城市"拥抱"海洋

强化滨海旅游度假休闲带，沿海岸线全面集聚城市公共服务功能和高档居住功能，通过商业及公共设施由滨海向内部延伸，带动内部生活组团的发展，串联自然山体保持自然绿色开放空间。

湾底新区北部临海，南部靠山，基地内也有丰富的自山水资源，大部分都分布在滨海沿线。湾底新区的发展应该与所依托的环境共存共融，与城市空间结合，保留城市原生的环境生态记忆（图 4-43 ~ 图 4-45）。

图 4-43　×× 市新区城市设计海景界面

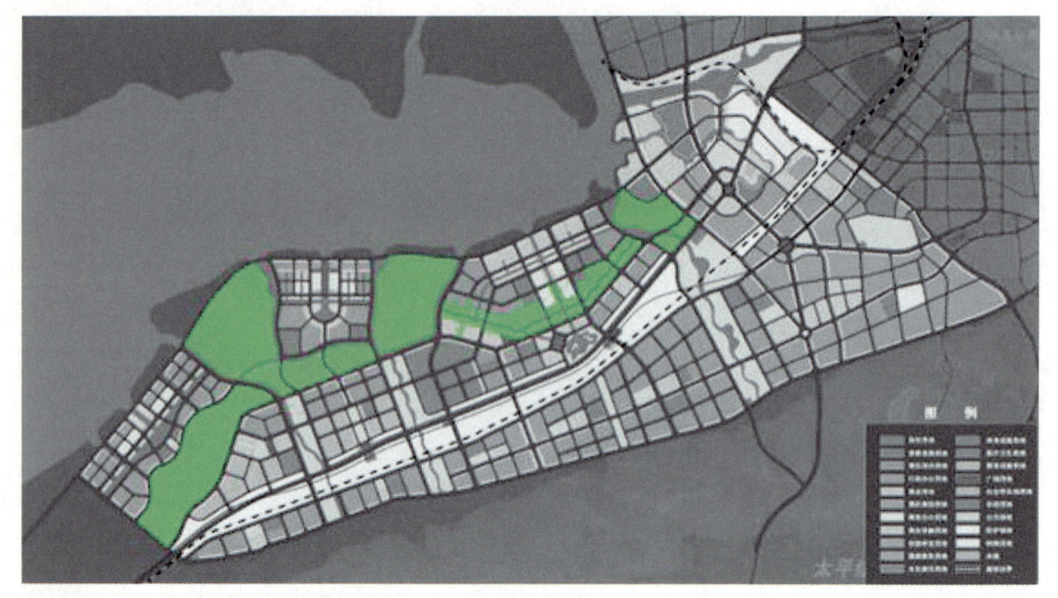

图 4-44 ×× 市新区城市设计山景界面

图 4-45 ×× 市新区城市设计路景界面

2）策略 2：塑造滨海的天际线，形成滨海城市的整体感官印象

以内部水系、山体和交通轴线形成若干条平行或垂直于滨海界面的天际线，使整个湾底新区的天际线更赋层次感（图 4-46 ～图 4-48）。

图 4-46　× × 市新区城市设计局部模型照片

图 4-47　× × 市新区城市高度控制图

图 4–48　× × 市新区城市开发强度控制图

3）策略 3：强调城市的旅游性质，融入大区域范围的旅游体系

湾底新区应是 × × 市旅游体系的有机组成。城区内部应策划相应的旅游项目吸引客流，结合会议、会展等商务活动和大型赛事，组织旅游相应的主题旅游活动（图 4-49）。

图 4–49　× × 市新区城市景观风貌规划图

4）策略 4：完善便捷的交通联系（TOD）

大连至 ×× 市轻轨在湾底新区设置两个轻轨站点和一个综合交通枢纽。新区将遵循“紧缩城市”的发展理念，以交通为导向形成围绕轻轨站点发展的几大片区，加强城市的内部联系，提高城市发展效率（图 4-50、图 4-51）。

图 4–50　×× 市新区城市设计公共交通系统规划图

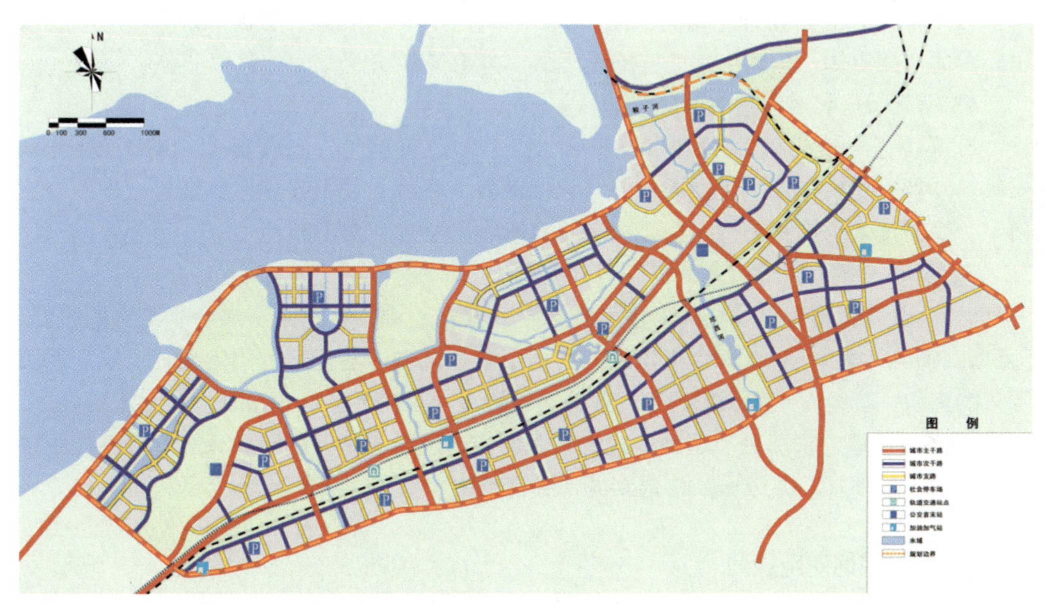

图 4–51　×× 市新区城市设计道路网系统规划图

图 4–52　× × 市新区城市设计绿地系统规划图

5）策略 5：营造宜居的生态环境

滨水用地功能以公建、居住为主，公建用地包括文化娱乐、商业、酒店、办公等类型，用地相对集中布置，有利于发挥集聚效益，居住用地选择较佳地段布置，空间高低错落，富于变化，尽可能利用海岸、河道等自然环境要素。

以海岸为核心，充分利用山、岛、湖、河等生态自然要素，贯通湾底绿心与环绕城市外围的自然山体，构建生态之城的大框架，打造景观城区。

6）策略 6：配建完善的服务设施

在环境先导模式和 TOD 模式的基础上，以服务设施先导发展模式（SOD）强化城市服务功能，提供一流的生活服务及文化、教育、医疗、健身设施，集聚起城市的内生资本；同时具备承接和举行大型公共活动的场地和设施（图 4-53）。

策略 7：保存城市的记忆——城市的起源

× × 市湾底是有史可查的大连地区最早的城市起源，也是大连航运和工业的起源。“西南临海渚”之“渚”，即今天湾底的亮子山则是记载这些记忆的历史见证。规划保留原来的港口、航运海湾的历史遗存，在环境设计上予以提示，并相应开发文化旅游设施。

加强对基地内古莲生态湿地的建设与保护，通过城市空间的组织让人直接感受到亘古弥香的古莲精神，并进一步渗透到城市经营当中，打造“千年城市”、“千年产品”。

4.4.5　土地使用规划

本规划区总用地面积 23.65km^2，其中建设用地面积 22.2km^2（图 4-54）。

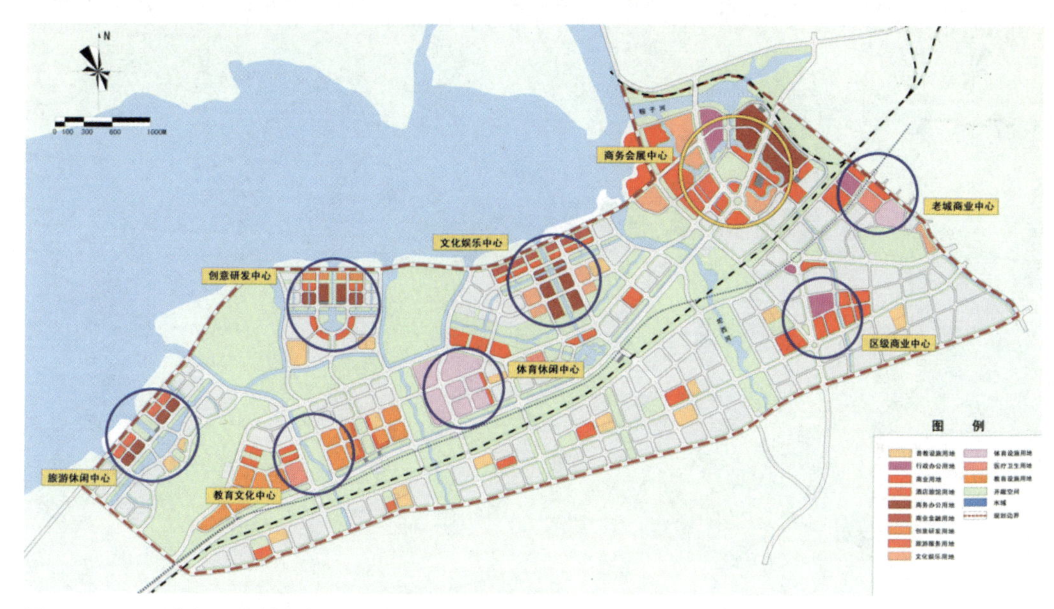

图 4-53　× × 市新区城市设计公共服务设施系统规划图

图 4-54　× × 市新区城市设计土地使用规划图

4.4.6　开发时序

自东向西，由滨海向内陆（图 4-55、图 4-56）。

图 4–55 ××市新区城市设计规划时序图

图 4–56 ××市新区城市设计整体模型照片

4.4.7 核心区城市设计引导

（1）理水：曲水织绫

将北部鞍子河与西部坨西河水引入基地内部，构成基地内最主要的环城景观水系，局部水面放大形成生态驳岸。水系贯穿至基地内的各个功能区内，使基地内部均获得滨水景观。

在海与内部水系交接处，滨水景观较为优美的水域形成4个生态景观海湾，是维护启动区周围和内部的生态格局的重要依托。

（2）秀山：青山入城

利用内部山体，营造基地内的大型景观公园，作为基地内部的景观核心。规划主要的南北轴线即为亮子山至南山公园的景观通廊。东西各次要轴线均正对西部山体界面。

（3）营城：双心相生

一个以“世纪广场”为核心，一个以“绿岛湿地”为核心，一实一虚，相互呼应。世纪广场依托山体公园，形成景观的特色，发展商业及商务功能。绿岛湿地会展度假区则依靠滨海岸线，安排度假酒店、海景公寓等休闲功能。两个核心外围，以居住和商务办公功能为主导。

海滨风情休闲街——以咖啡、酒吧、俱乐部、沙龙等娱乐活动为主的休闲街；

水岸特色商业街——以中小尺度的传统建筑风格为主，体现辽南乡土建筑符号；

创意文化特色街——主要业态有书店、艺术品、音像、动漫产品等，并布置创意办公、SOHO等配套功能；

大型综合商业街——大型的商场、商厦、步行街，作为整个城市的时尚商业中心（图4-57～图4-59）。

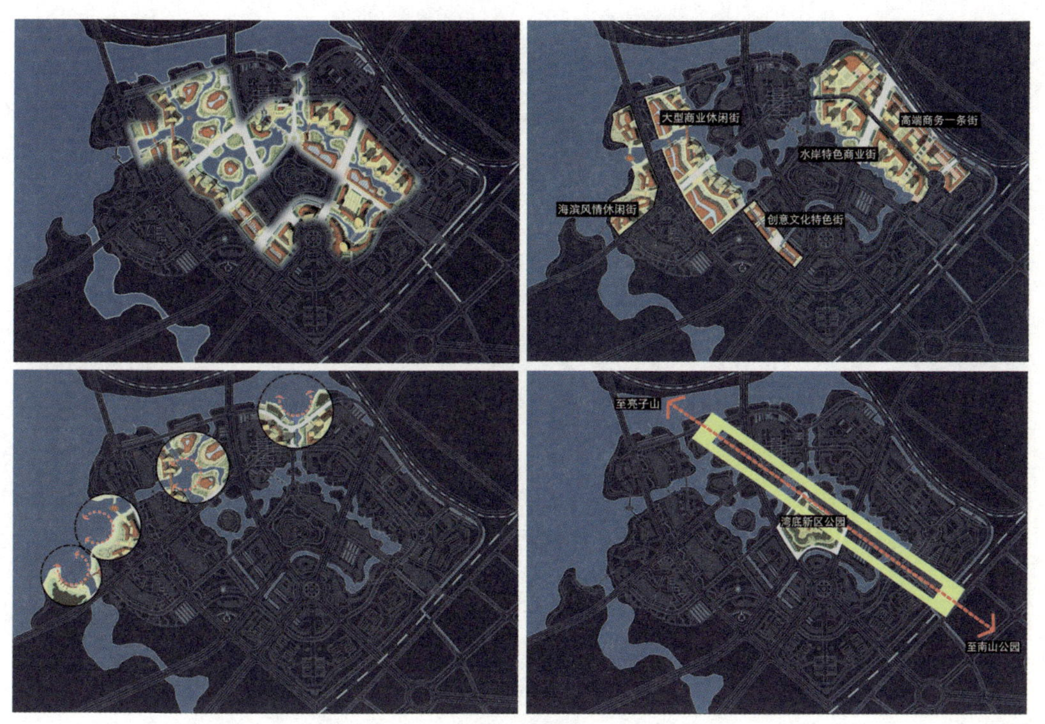

图4–57　××市新区城市设计理水、秀山、营城理念示意图

图 4–58 ××市新区城市设计核心区效果图

图 4–59 ××市新区城市设计核心概念总平面图

4.4.8 天际线规划

滨海城市的海岸天际线往往是城市的标志性景观。规划应结合基地内丰富的山体及河流高低变化，使城市天际线应与之呼应，突出自然岸线天际的起伏变化，从各方面强调整体滨海天际线节奏。以城市为实景，山体和水为背景，高低错落、色彩相宜（图 4-60、图 4-61）。

图 4-60 ×× 市新区城市设计滨海天际线（一）

图 4-61 ×× 市新区城市设计滨海天际线（二）

4.5 修建性详细规划——×× 新建初中修建性详细规划及建筑方案

4.5.1 项目背景

根据 ×× 县控制性详细规划，×× 县东北大禾田区设置教育园区，将在区内整合教育资源、集中设置教育机构。目前，×× 中学一期即将竣工。为满足城区学生容量的增长，加快 ×× 初中网点布局调整，缓解城区初中入学压力，在县城教育园区新建一所初中。

新建初中为一所寄宿制初中，设计规模为容纳 3000 ~ 3500 名学生，教职工约 180 人。

4.5.2 项目现状

新建初中位于县城教育园区体育中心西侧，同济大道北侧的丘陵地带。

基地地块呈完整矩形，东西长 300m，南北纵深长 324m，总计占地面积为 $9.6hm^2$，约 145 亩。

4.5.3 规划目标

新建初中以教育部《城镇普通中小学校建设标准》为依据进行规划设计，建设成具有现代化教学设施、优雅园林环境的赣南地区一流的初级中学。

4.5.4 方案设计要点

（1）一主两辅，三条轴向空间并置

中部——礼仪轴线；东部——教学轴线；西部——生活轴线。

东西舒展分列，南北有序渐进，同时刻意形成错落有致而不失活泼的均衡格局。

（2）系列空间，演绎特色主题庭园

形成层次分明的网状公共空间系统，衍生出诸多园林庭院。融合人文主题，塑造若干特色主题庭园。

（3）融合基地，塑造场景生动的景观校园

通过缜密的竖向设计，变不利为有利的难得契机，形成有特质的坡地校园（图4-62～图4-65）。

图 4–62 ×× 新初中修建性详细规划总平面图

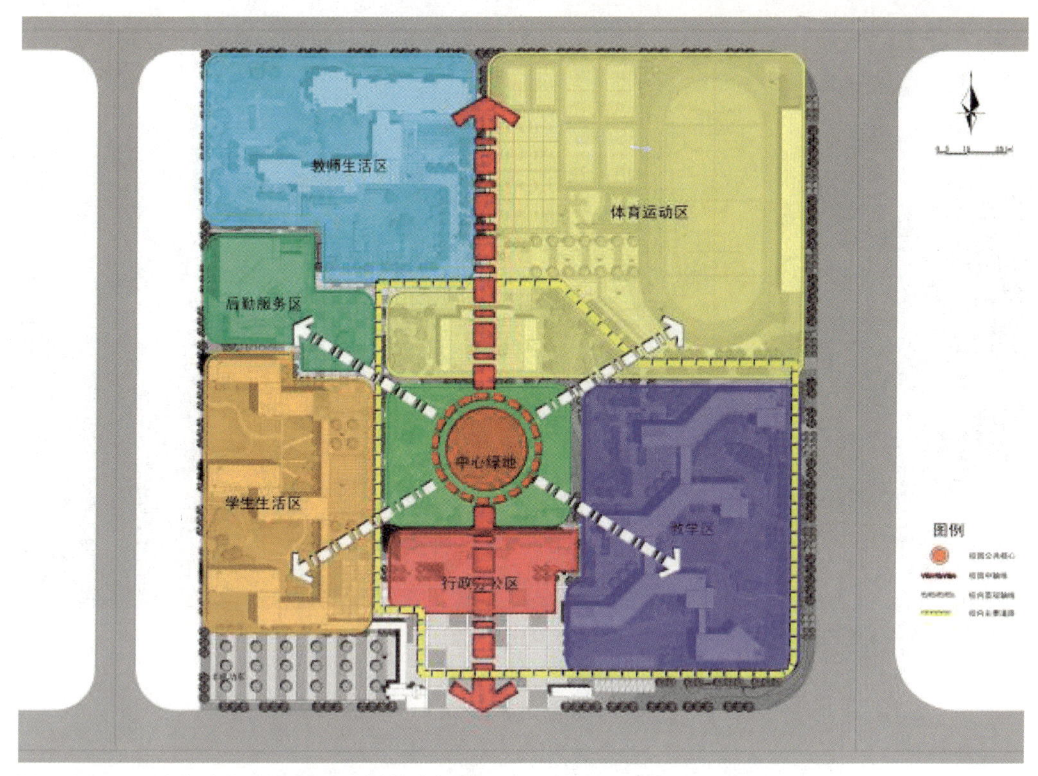

图 4-63　× × 新初中修建性详细规划结构分析图

图 4-64　× × 新初中修建性详细规划——鸟瞰图（一）

图 4-65　× × 新初中修建性详细规划——鸟瞰图（二）

4.5.5　交通组织

（1）车行系统：通过缜密的竖向设计，高低晏仰，变不利为有利的难得契机，形成有特质的坡地校园。车行采用环形道路，将各个功能片区串起。车行出入口总共设了两处主要入口：在东南侧设置景观礼仪式入口。在东侧设置次入口，分别服务于餐饮中心的后期输送、食堂娱乐中心的开放。

（2）停车场地：在环形车行道路的两侧设置机动车停车位，主要集中在车行出入口附近。在校园前区设置自行车停车场，生态景观停车场。

（3）步行系统：步行系统沿景观核心和景观轴展开，与车行交通互不干扰。

开放空间形态丰富，有矩形的入口广场、中心广场、餐饮广场、宿舍前区广场等。

步行通道结合绿化景观线路曲径通幽，包含林荫漫步道、园林小径、广场庭院通道等，步行空间种类丰富，依托步行道路打造优雅怡人的校园空间（图 4-66）。

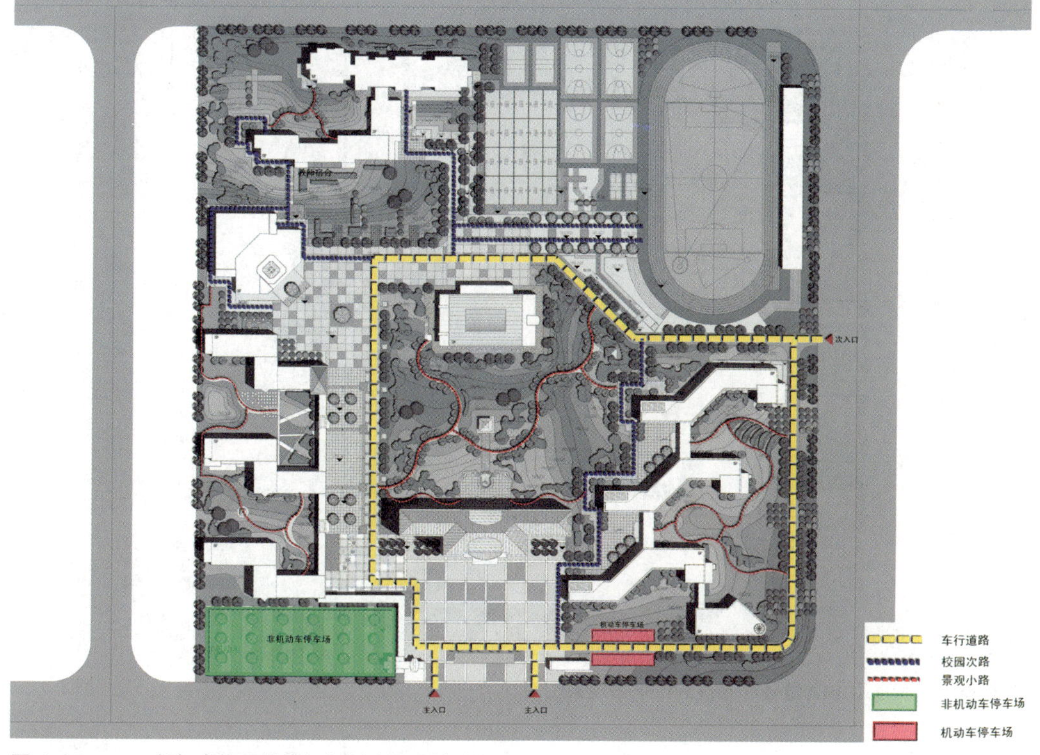

图 4–66　×× 新初中修建性详细规划交通系统分析图

4.5.6　绿化景观

（1）前庭广场：硬质铺装，中间穿插一些小的硬质铺地作为休闲空间节点，设立旗杆。

（2）中央庭园：在核心绿化景观的西侧规划设计一个起坡不大的草坡，作为学生日常休憩的公共绿地，适当种植一些高大的乔木。学生在此可坐、可卧。中央庭园既是公共交往空间，同时也是室外观演场所。

（3）教学区绿地——人文庭园：存在于各个教学组团内庭院绿化里，以规则的几何形状的绿化景观为主，提升教学环境品质。人文庭园（德智体美、地方文化等主题诠释）——雕塑点醒、提拔人文主题。

（4）生活区绿地——休闲庭园：与宿舍楼匹配，给予空间体验和造就精致有趣的多层次场所。中间穿插一些小的硬质铺地作为休闲空间节点。特有的人文气息促成了建筑

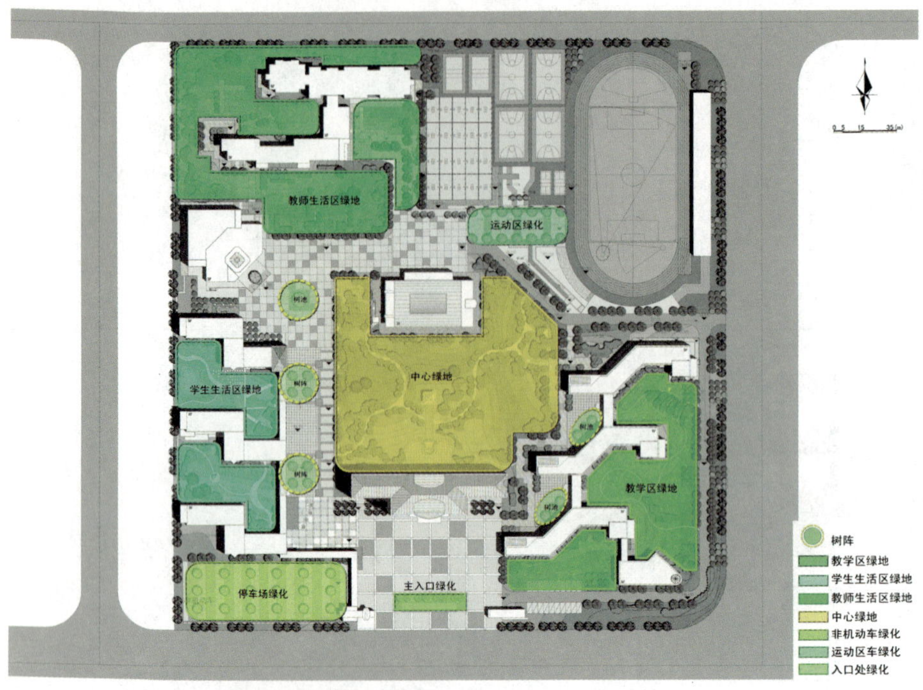

图 4–67　× × 新初中修建性详细规划绿化景观系统图

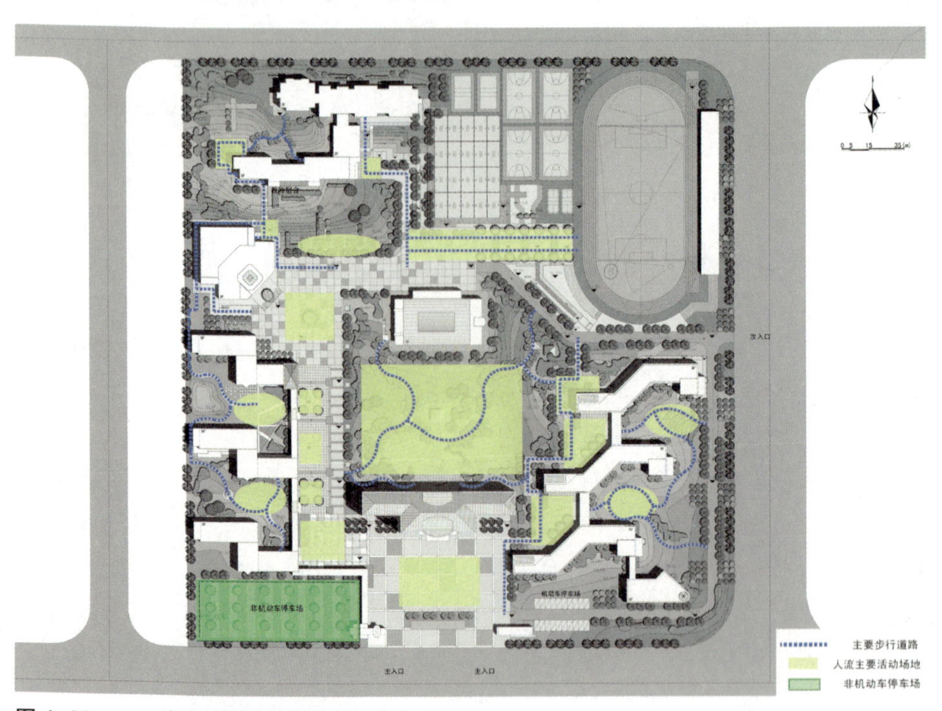

图 4–68　× × 新初中修建性详细规划步行系统图

之间、人与环境之间协调依存的和谐关系（图 4-67、图 4-68）。

××新初中修详主要经济技术指标 **表 4–8**

经济技术指标			
编号	项目	数量	单位
1	规划用地面积	9.89	hm^2
2	实际用地面积（不含城市道路）	9.61	hm^2
3	总建筑面积	46233.8	m^2
5	毛容积率	0.467	
5	净容积率	0.481	
6	建筑密度	10.8	%
7	绿化率	52.3	%
8	在校学生人数	3500	人
9	生均建筑面积（固定在校生）	12.86	m^2
10	现有教职工人数	180	人

4.5.7 主要经济技术指标

4.5.8 建筑方案设计

建筑设计方案如图 4-69 ~ 图 4-72 所示

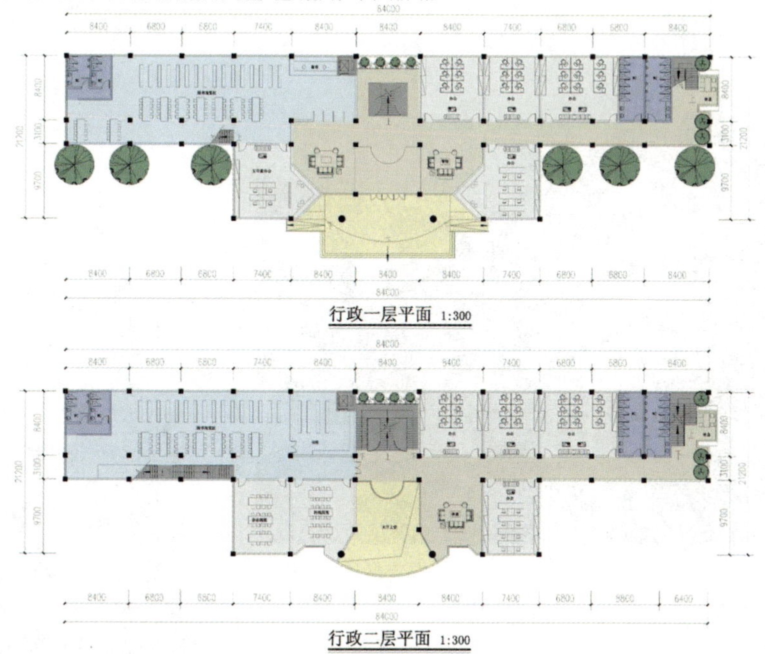

图 4–69 ××新初中修建性详细规划管理楼平面

教学楼局部透视图

教学楼东立面

图 4-70　× × 新初中修建性详细规划教学楼方案

教学楼透视图

教学楼南立面

南立面图

图 4-71　× × 新初中修建性详细规划管理办公楼方案

透视图

东立面图

南立面图

图 4-72 ××新初中修建性详细规划学生宿舍方案

透视图

透视图

东立面图

第 5 章
应聘快题试卷评析

5.1　某经济技术开发区中心服务区城市设计快题

5.1.1　某经济技术开发区中心服务区城市设计快题要求

（1）基地概况

项目位于南方某城市经济技术开发区内。西一路和北一路为城市主干道，沿河路和南一路为城市支路，东侧河道为城市重要的景观河道。

基地规划总用地面积 31.25hm²，其中城市道路用地面积 1.06hm²，河流水域用地面积 0.88hm²，城市公共绿地面积 4.72hm²，商业金融用地 24.59hm²。

（2）城市设计要求

该项目的主导功能为商务办公、商业金融、创意研发、休闲娱乐。功能布局应突出开发区生产性服务的特征，并强调功能的多元复合。规划安排开发区管理服务中心（3 万 m²）、总部办公楼、酒店（4 万 m²）、会议中心（1 万 m²）以及商业购物、休闲娱乐等设施。

中心服务区城市设计应充分发挥滨水景观优势，实现自然景观和人文景观的有机融合。要求对滨河公园进行设计，塑造丰富的滨水景观岸线。

完善基地内部道路系统，组织人车分流的交通组织体系，合理组织安排静态交通。

合理组织中心服务区空间景观脉络，对影响城市意象的主要要素，如城市通道、节点、地标、滨水地区进行分析和合理安排，形成富有个性的滨水特征的城市形象。

城市设计必须遵循上层次控制性详细规划的要求。

（3）地块控制指标表（表 5-1）

（4）成果要求

地块控制指标表　　　　**表 5–1**

地块编号	用地性质代码	用地性质	地块面积（hm²）	容积率	建筑密度（%）	绿地率（%）	建筑高度
A–01	C2	商业金融用地	24.59	3.0	40	25	不限
A–02	E1	水域	0.88	—	—	—	—
A–03	G11	公园绿地	1.16	—	—	80	—
A–04	G11	公园绿地	3.56	—	—	80	—

总平面图（1:1000）；

表达设计构思的分析图（规划结构、城市设计框架、道路系统、绿化空间系统等）；

反映空间意向的表现图；

设计说明；

主要技术经济指标。

（5）考试时间：5 小时

5.1.2 快题评析

(1) 试卷一：80 分（图 5-1、图 5-2）

该方案规划结构清晰。建筑与空间布局活泼，空间语言丰富。绿化、道路、场地设计较为合理、完整，表达明确。图面表现重点突出、线条流畅，细部处理得当，充分利

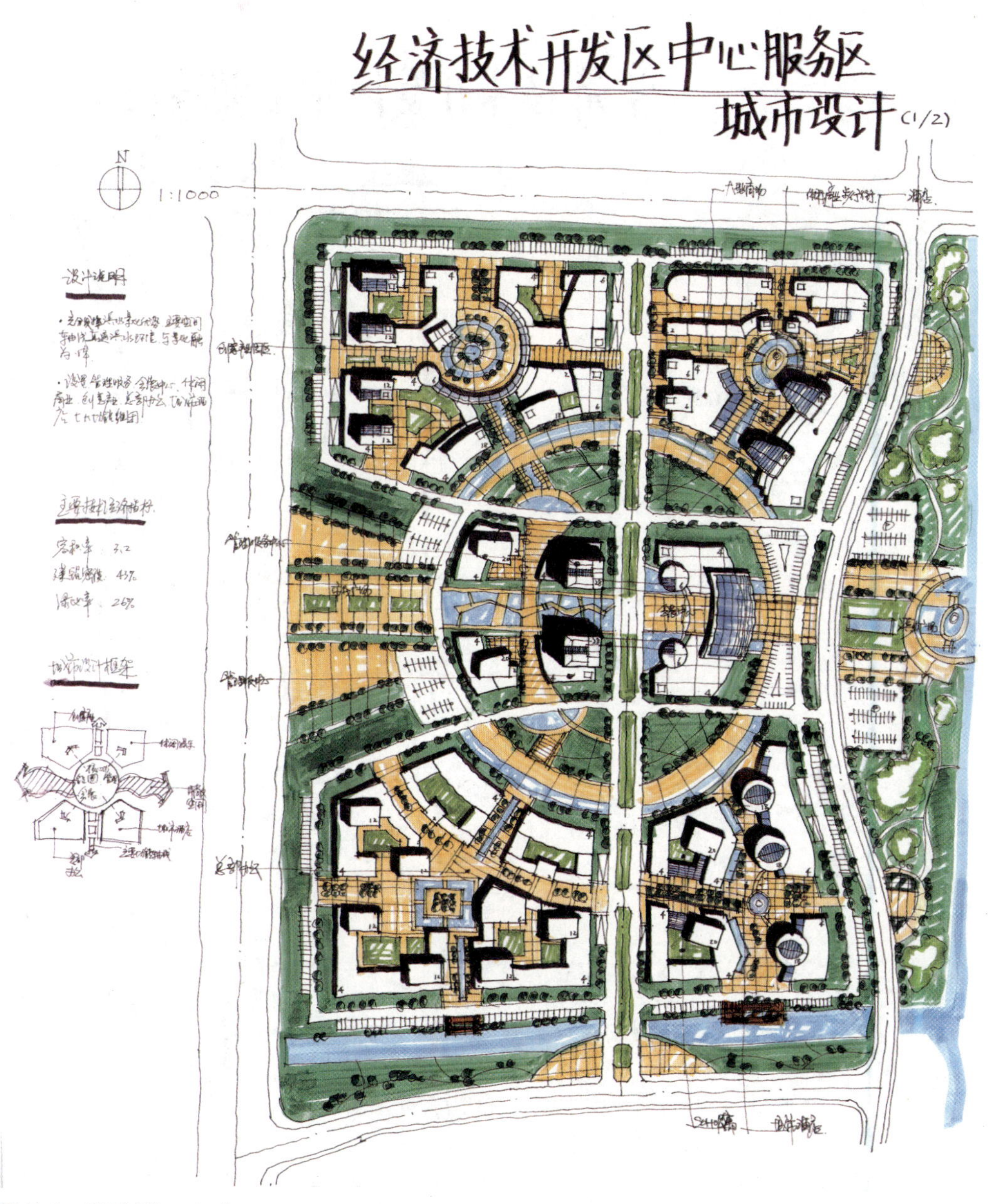

图 5-1　快题试卷一（1）

用场地条件塑造公共空间。该方案切题完整，建筑尺度较为准确，建筑容量较为贴近任务书要求。

建筑密度较大，方案缺乏集中的开敞空间。东侧的两座文化娱乐设施建筑造型随意，与周边设施不甚协调。部分附有裙房的高层建筑存在消防问题，有待深化。西侧沿路高层，层高可做调整，营造更为优美的临街界面。

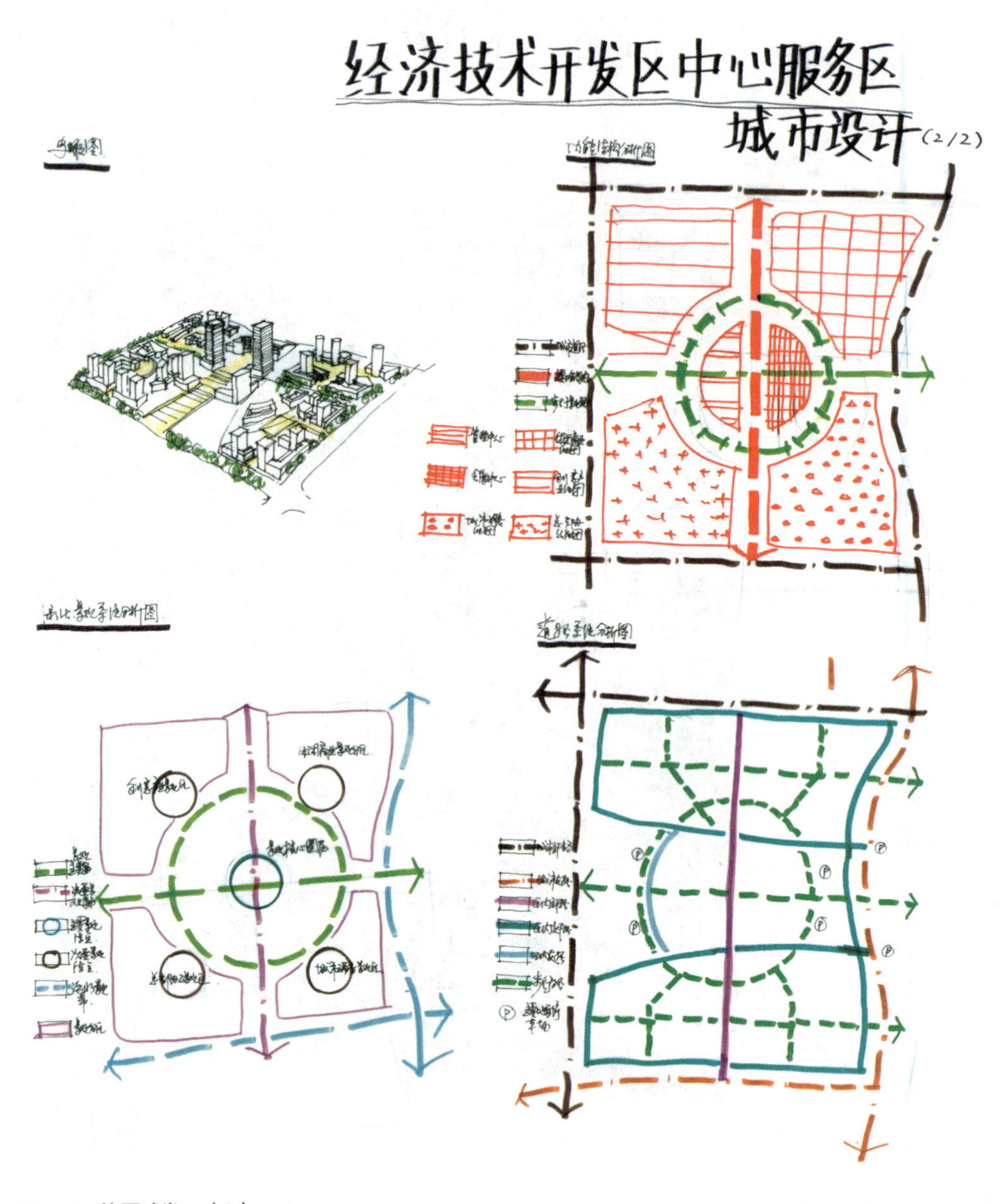

图 5-2　快题试卷一（2）

（2）试卷二：78 分（图 5-3、图 5-4）

该方案结构清晰，中心明确，围绕中心的四个组团较好地解决了功能布局的要求。通过十字轴线组织公共空间，较为成功。该方案巧妙地利用水，将基地外部环境和内部景观以及中心景观和组团景观有机联系起来。

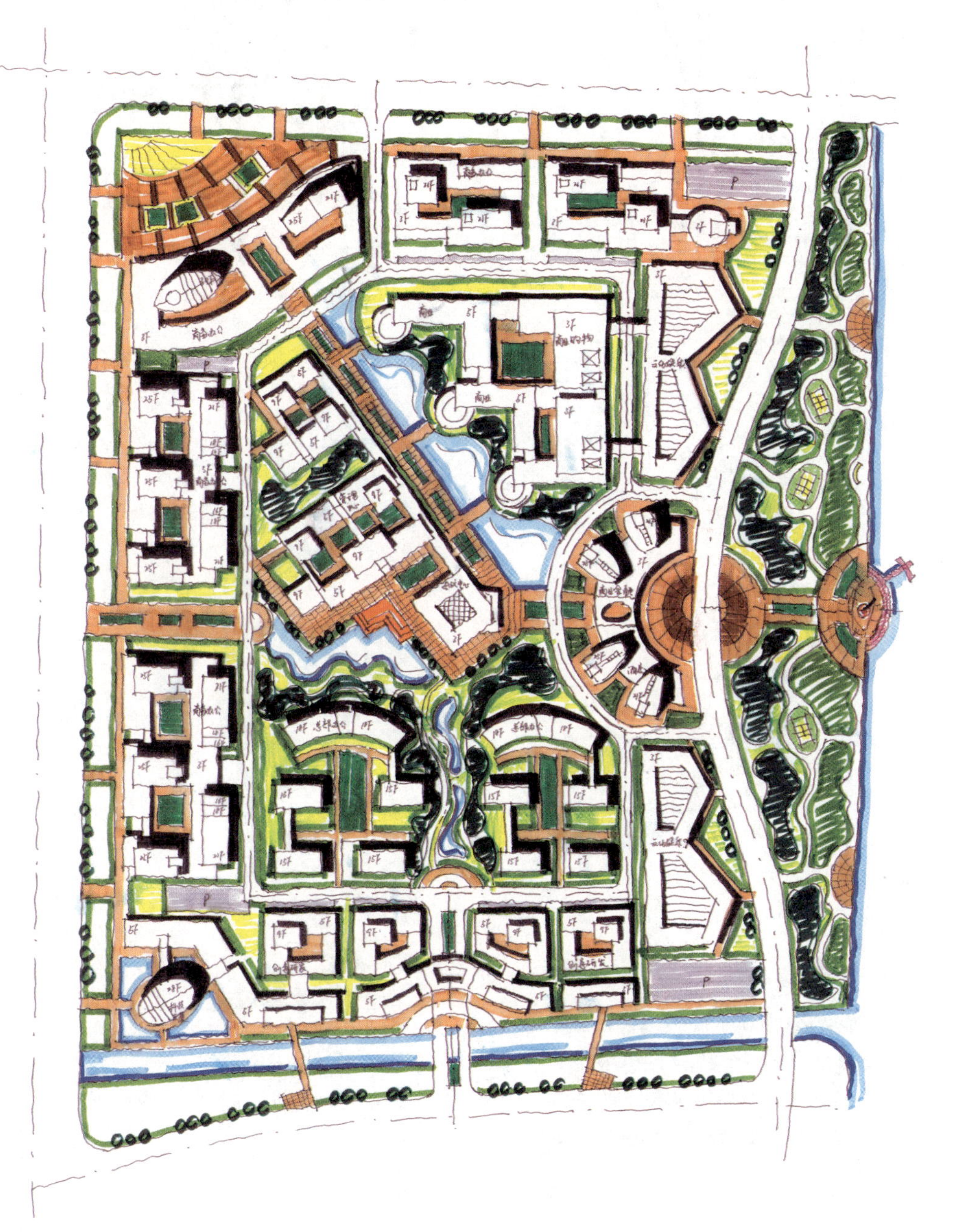

图 5-3　快题试卷二（1）

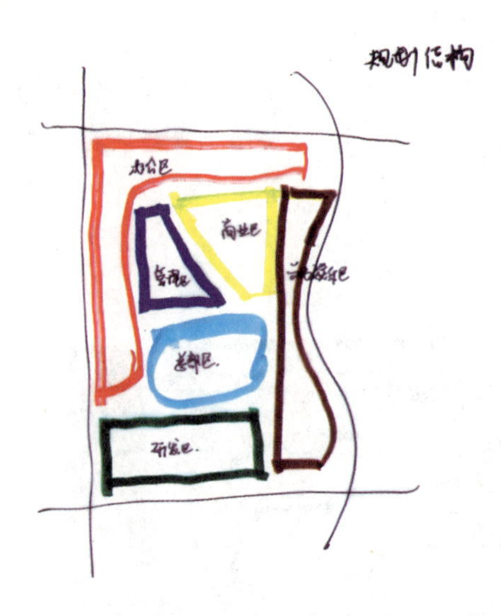

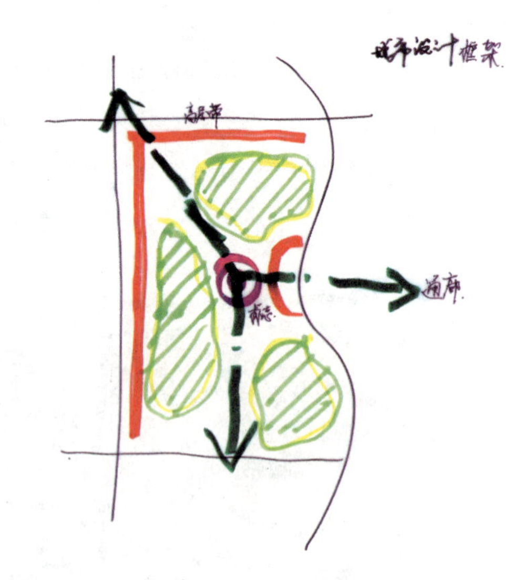

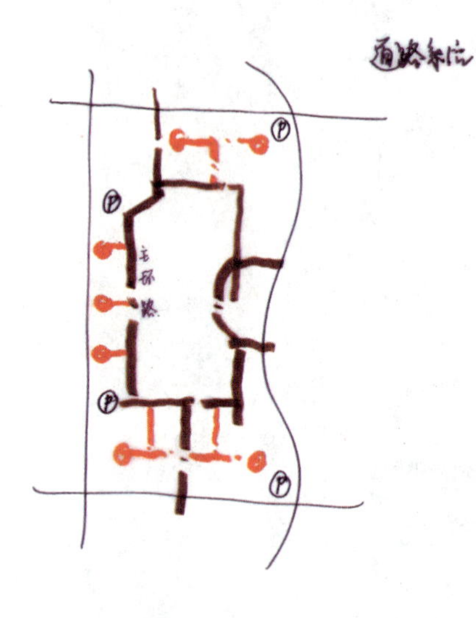

设计说明：

1. 突出城市主要道路沿街面景观。
2. 通过对城市通廊的设计，营造丰富生动的空间。
3. 分区明确，注意用地的兼容性和复合性。
4. 通过环路和内部步行空间的组织，实现人车分流。
5. 冗分利用水体资源，打造灵动的岸线景观，并通过景观轴线引景入内。

技术经济指标：

A-01 地块 面积：24.59 ha

容积率：2.8

建筑密度：37%

绿地率：30%

图 5-4 快题试卷二（2）

方案在小环境塑造方面还有待优化。停车方式以地面停车和路边停车为主，能否满足服务区的需求，值得商榷。并且，主要的地面集中式停车场分布在东西向主轴上，破坏了主要轴线的景观。图面线条表达较为凌乱，绿地广场形式感过强，有待深化，以满足使用者的需求。

（3）试卷三：78 分（图 5-5、图 5-6）

图 5-5　快题试卷三（1）

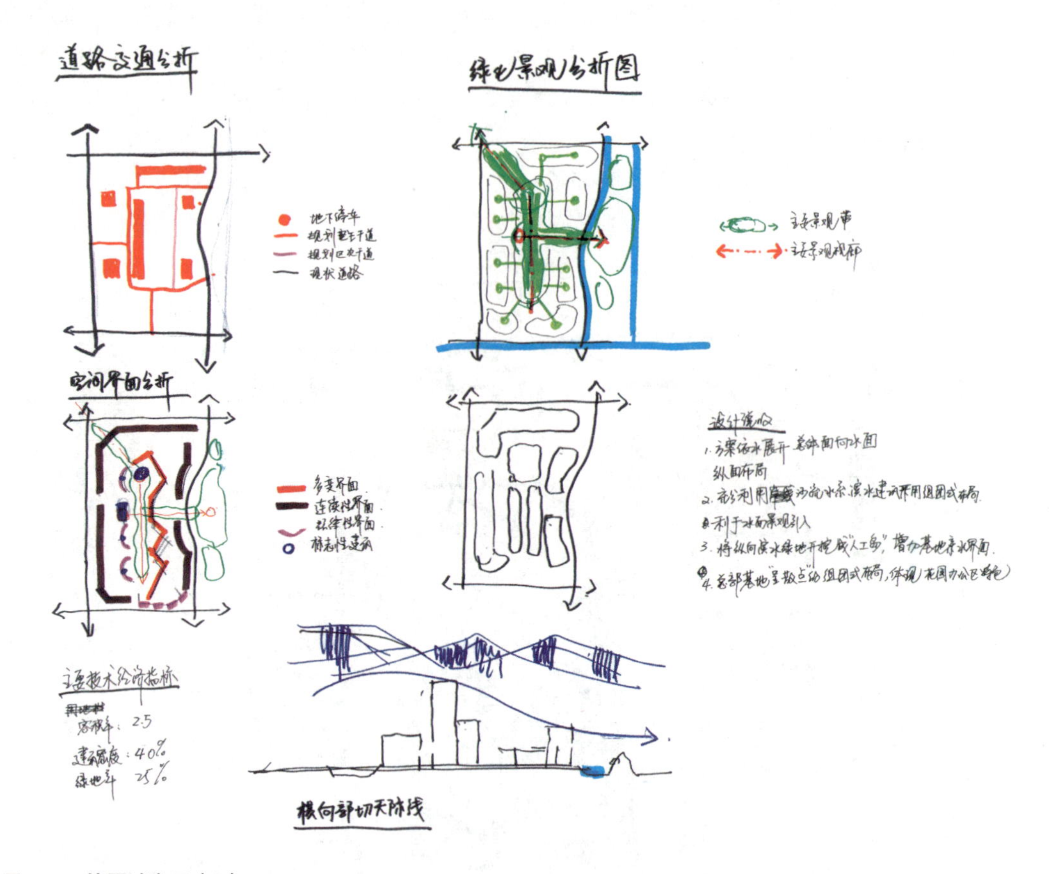

图 5-6　快题试卷三（2）

方案着力塑造临水界面，在建筑的形态和滨水绿地的设计上，颇具新意。功能布局合理，中心突出，景观轴线塑造较为成功。建筑形体和场地的关系处理较为契合。

方案在场地设计上深度不够，景观绿化、停车、广场等设计较为粗放。总部基地的“花园式办公”未能在图上充分表达。除核心区外，其他的节点设计缺乏必要的表达。

（4）试卷四：78 分（图 5-7、图 5-8）

这是一个设计内容表达较为完整的一个方案。功能布局较为合理，场地设计细节较为丰富，设计了若干条通廊，加强与东侧水体的联系，景观引入基地内部。

但是，方案存在几个明显的不足之处：第一，道路交通不尽合理，过于重视步行环境设计，忽视机动车的进出方便，机动车出入口全部放在东侧沿河路上；第二，图面表达凌乱，主次不分，线条较为随意；第三，东西向的几条通廊设计略显牵强，建筑与通廊的结合不够有机。

图 5-7 快题试卷四（1）

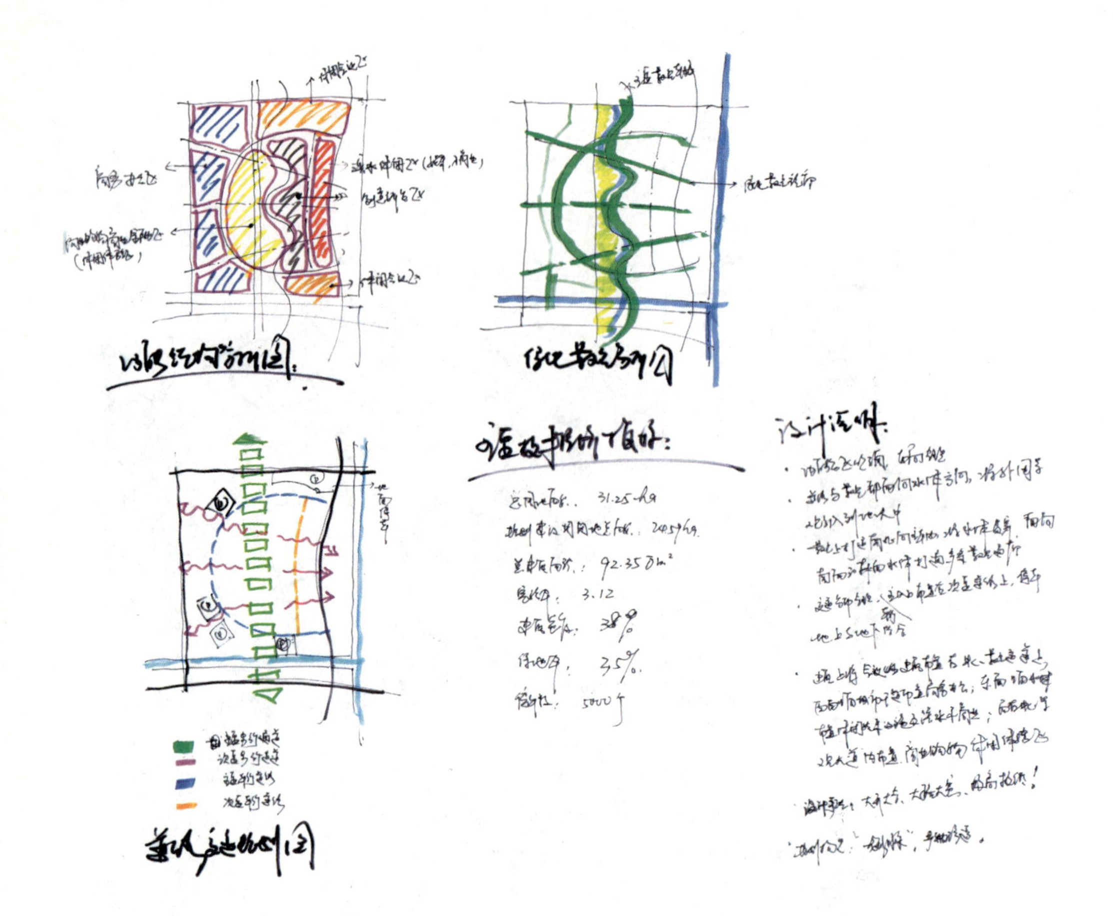

图 5-8　快题试卷四（2）

（5）试卷五：78 分（图 5-9、图 5-10）

该方案利用环路将基地分为内外两部分，并据此将功能分成两大部分，布局较为合理，道路交通流畅；建筑形态丰富，和场地结合较好；沿河绿地以体育为主题，特色明显。

广场设计有待深化。会展中心和体育馆室外场地较为狭小，不利于人员集散，停车场出入口需要细化。高层分布较为凌乱，城市天际线的形态有待商榷。

（6）试卷六：75 分（图 5-11、图 5-12）

这是一个利用方格路网组织交通的方案，图面表达较为整洁。基地核心利用弧线，将各个大体量建筑联系起来，形态感较强。

方案在几个方面存在较大的问题：

方格路网和弧线的公共空间互相穿越，图面有破碎感，广场空间整体感较差；

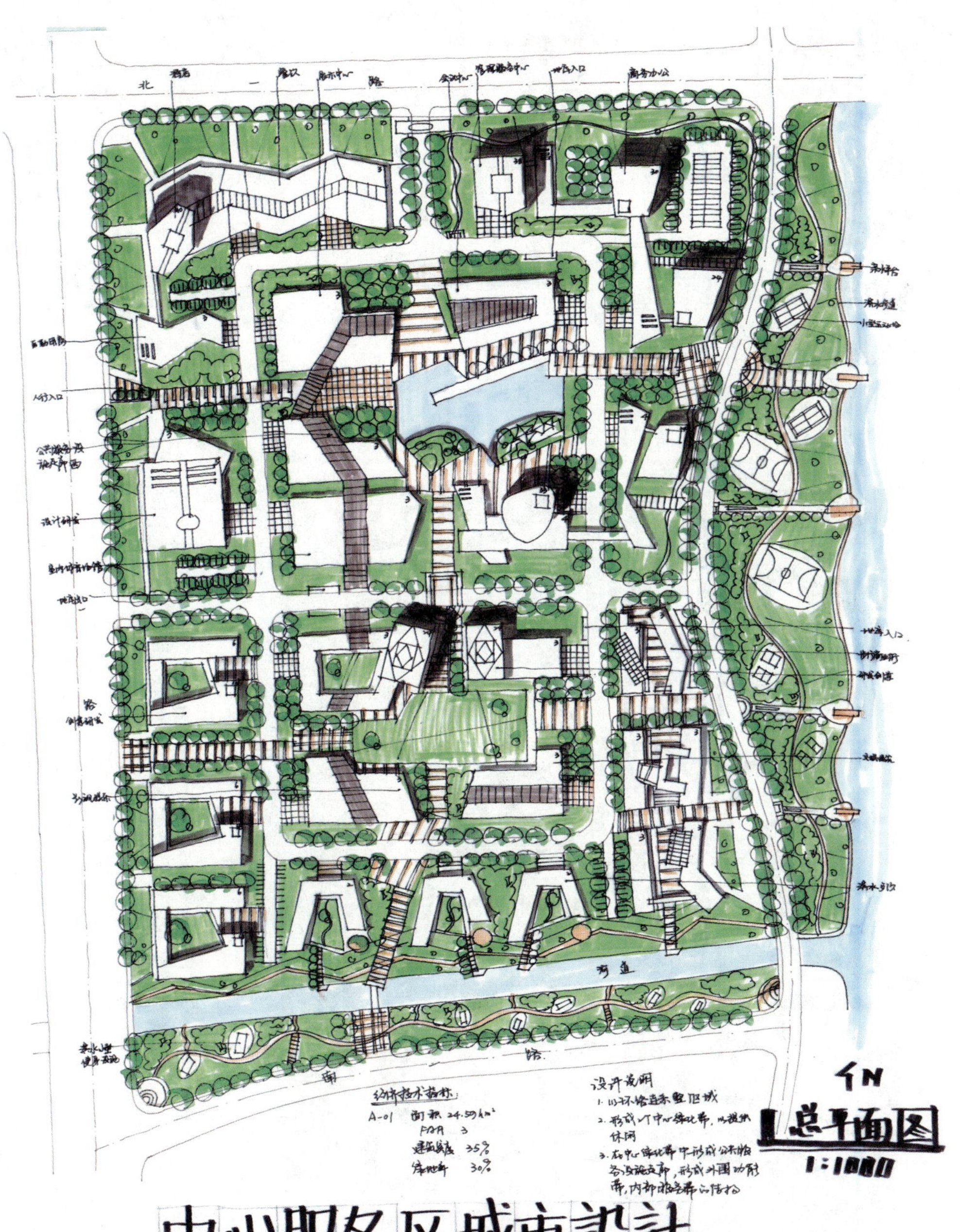

图 5-9 快题试卷五（1）

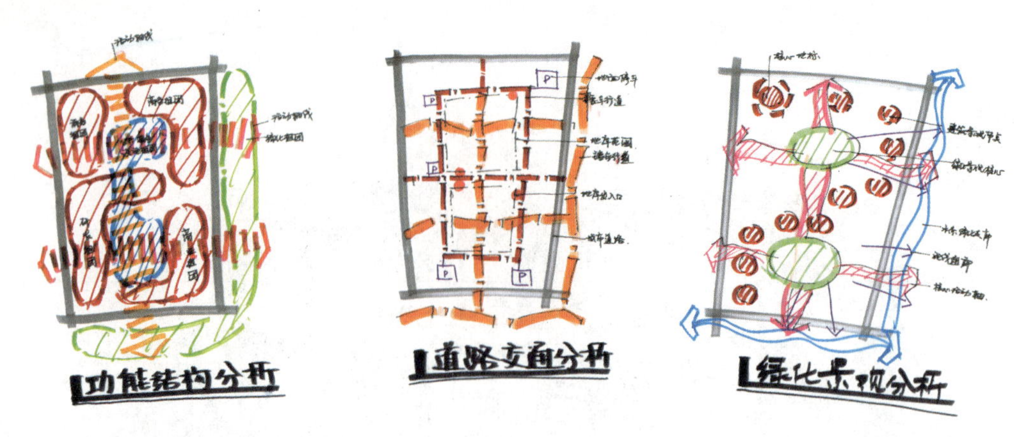

图 5-10　快题试卷五（2）

图 5-11　快题试卷六（1）

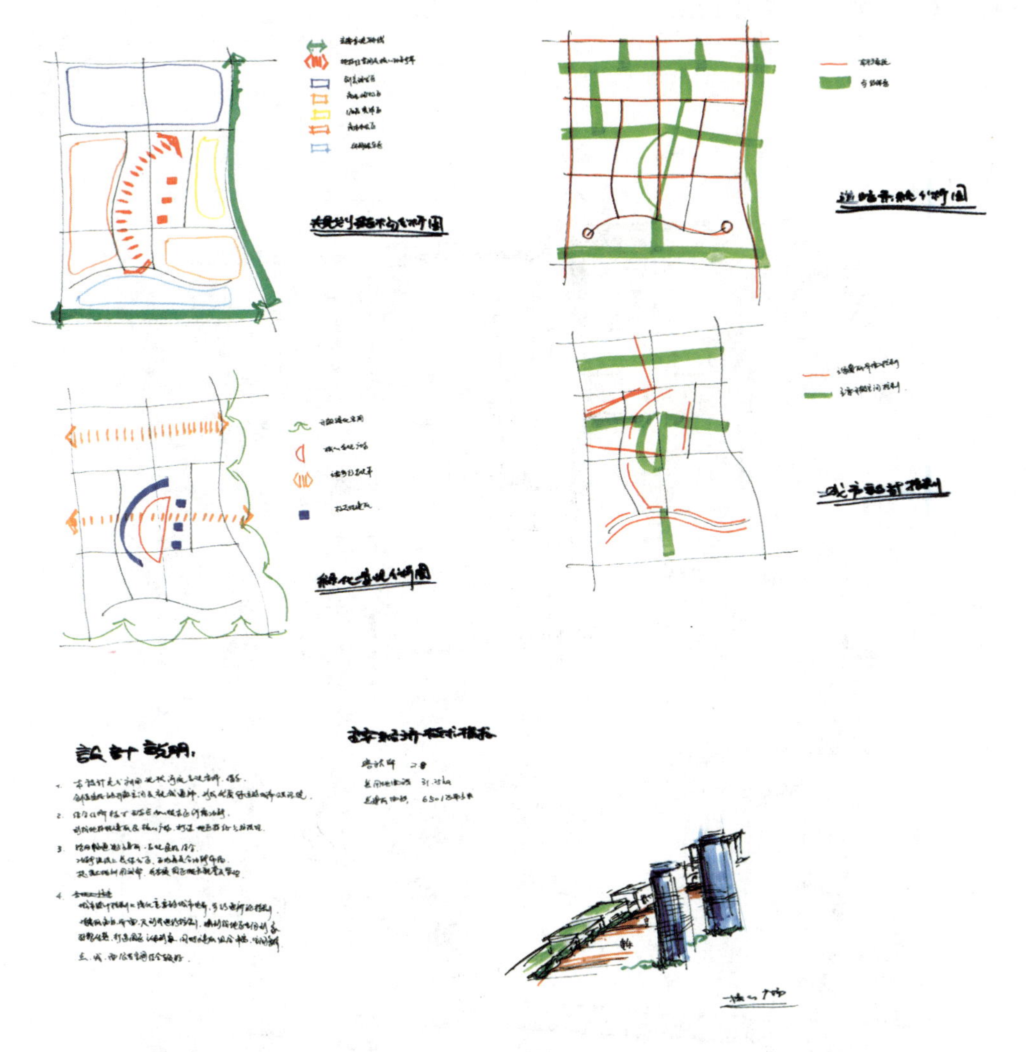

图 5-12　快题试卷六（2）

方案存在多处建筑与道路成犄角之势的地方；

缺乏系统连续的步行空间；

缺少地面停车场。

（7）试卷七：75 分（图 5-13、图 5-14）

该方案通过机动车环路和步行环路组织空间，安排功能，结构清晰。方案将水体引入基地内，营造中心水景。高层布置也围绕核心水景成环，总体空间形态较好。

机动车环路半径较小，对于沿城市道路的建筑群，其车辆出入问题较大。广场设计有待深化，基地内部绿化较少，硬地过多。地面停车场的位置主要沿环路布置，数量不够，个别出入口设置不利于交通组织。

图 5-13 快题试卷七（1）

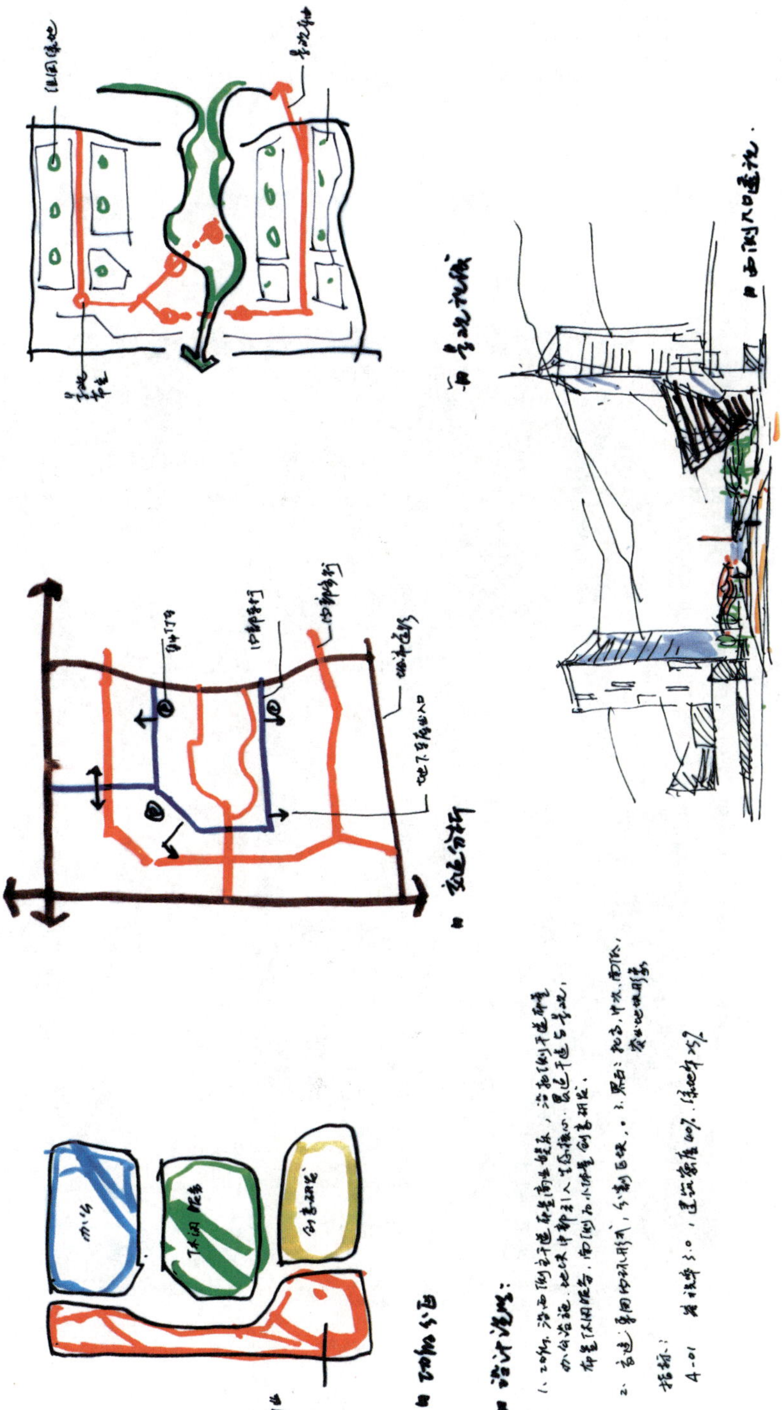

图 5-14　快题试卷七（2）

（8）试卷八：68 分（图 5-15、图 5-16）

这是一个容积率偏低的方案，经济技术指标没有达到任务书的要求。功能结构清晰，但酒店的形态和区位值得商榷。总的来说，方案的整体性不强，没有总的设计理念，各

图 5-15　快题试卷八（1）

地块独立性较大，彼此间缺乏联系。对沿河的景观利用不够，基地内外空间缺少有机的联系。设计中遗漏了开发区管理服务中心。北侧有一地下车库出入口直接连接城市干道，欠妥。

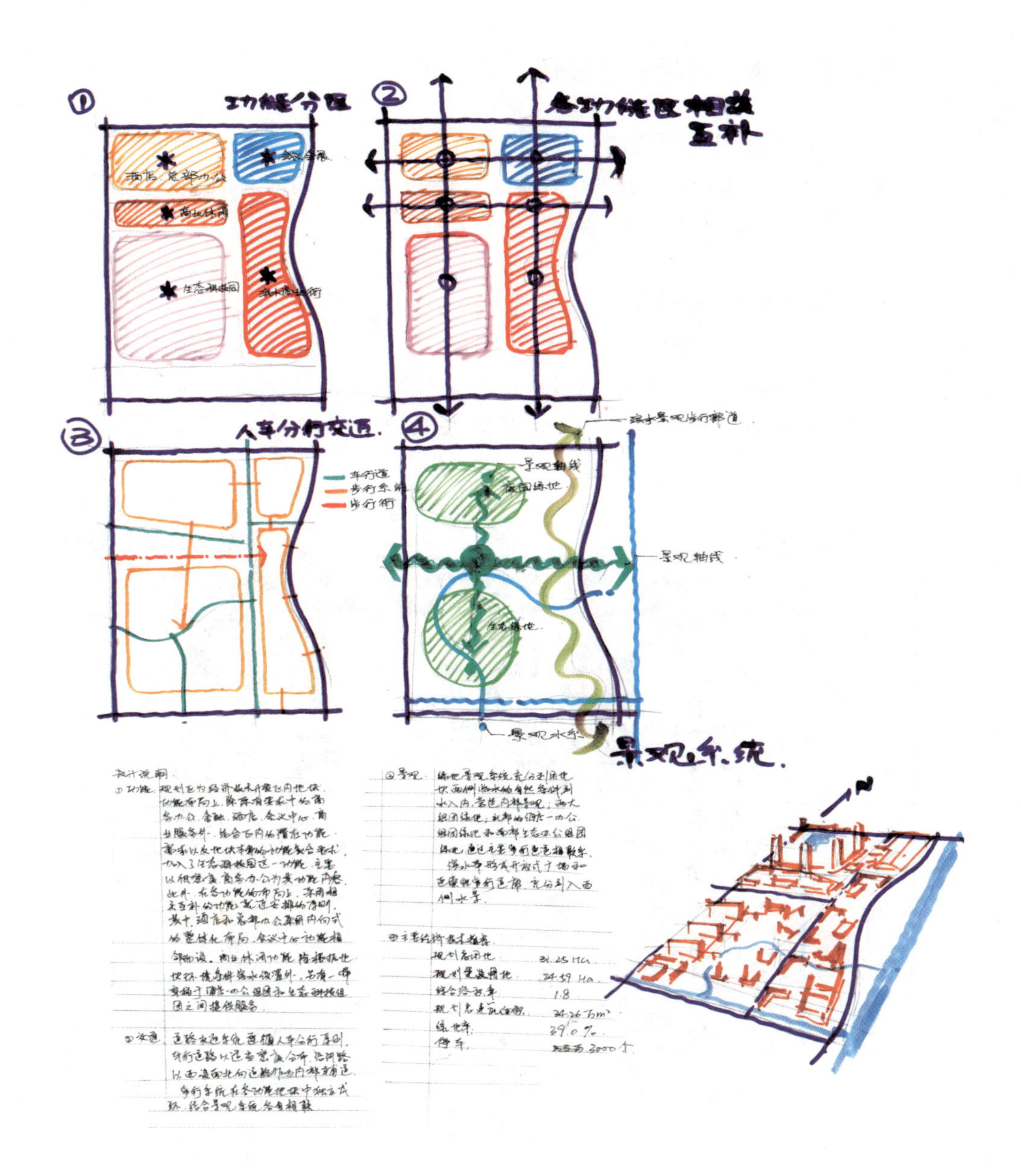

图 5-16　快题试卷八（2）

（9）试卷九：68 分（图 5-17、图 5-18）

该方案注重营造滨水区的开敞界面，建筑高度以水为核心呈圈层状逐渐增高，空间整体感较强。方案对公共空间的组织略显拘谨，基地内核心景观位置、形态、规模有待商榷。沿河三座覆土建筑采用屋顶绿化的方式，设计较为新颖。图面表达较为工整，但是沿河一侧建筑场地设计需要细化，滨水绿地设计深度不够。

5.2 某带状绿地的景观设计快题

5.2.1 景观设计快题要求

某城市沿幸福路西侧的一处带状用地，作为一个文化休闲广场，设计者可以自己设定设计主题和周边建筑环境。

5.2.2 景观设计快题试卷

（1）试卷一：78 分（图 5-19）

该方案规划结构清晰。绿化、道路、场地设计较为合理、完整。图面表现层次丰富、线条流畅，色彩及细部处理得当，充分利用场地条件塑造公共空间。

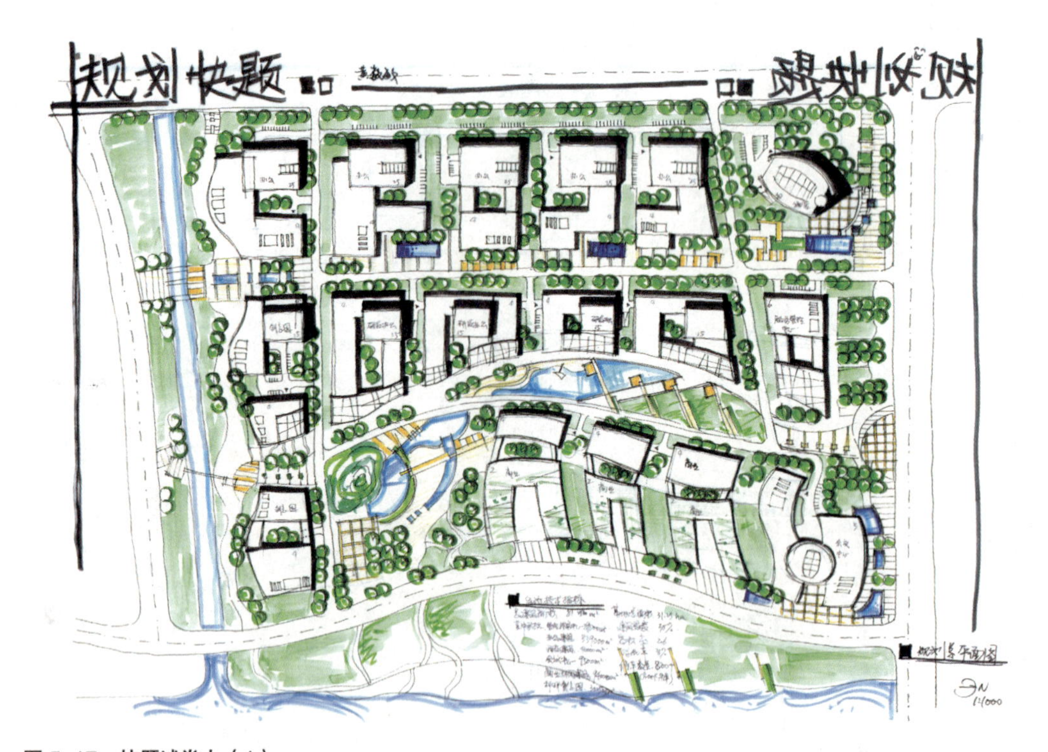

图 5-17　快题试卷九（1）

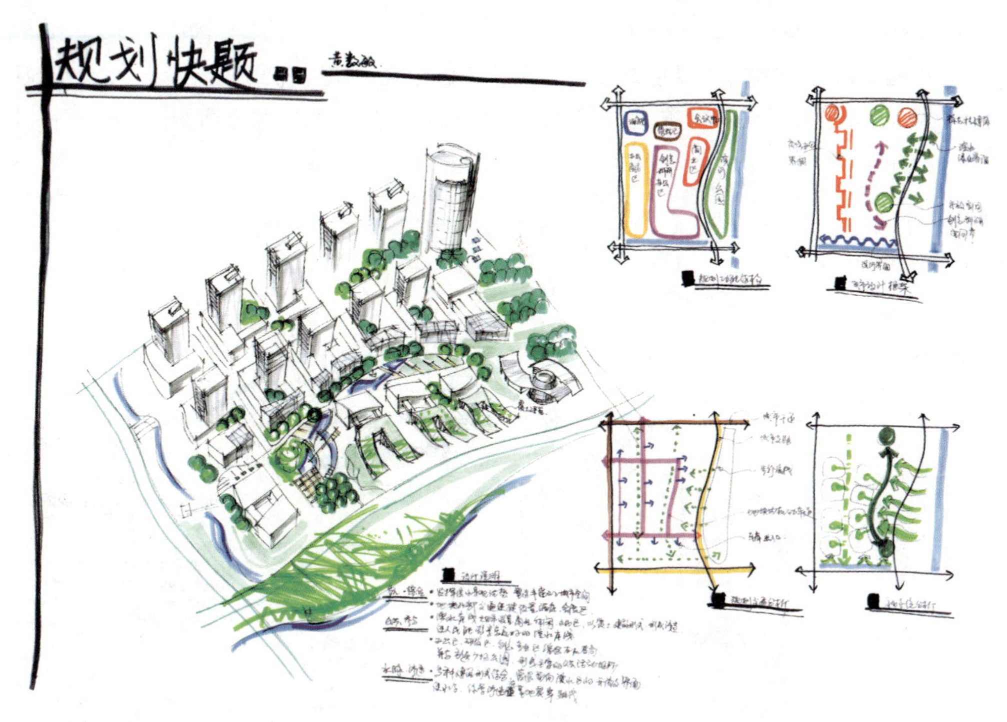

图 5-18 快题试卷九（2）

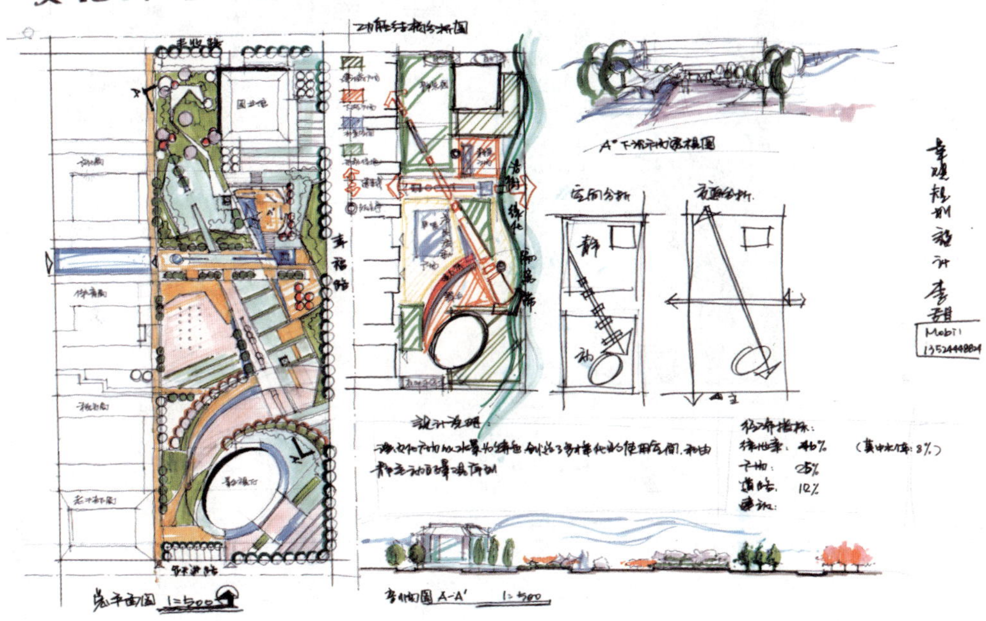

图 5-19 景观快题试卷一

（2）试卷二：78 分（图 5-20）

该方案规划结构简洁。绿化、场地布局整体感较强。空间布局较为清晰、简练。图面表现重点突出，水面与滨水广场和绿地能有机结合、尺度感把握较适当。

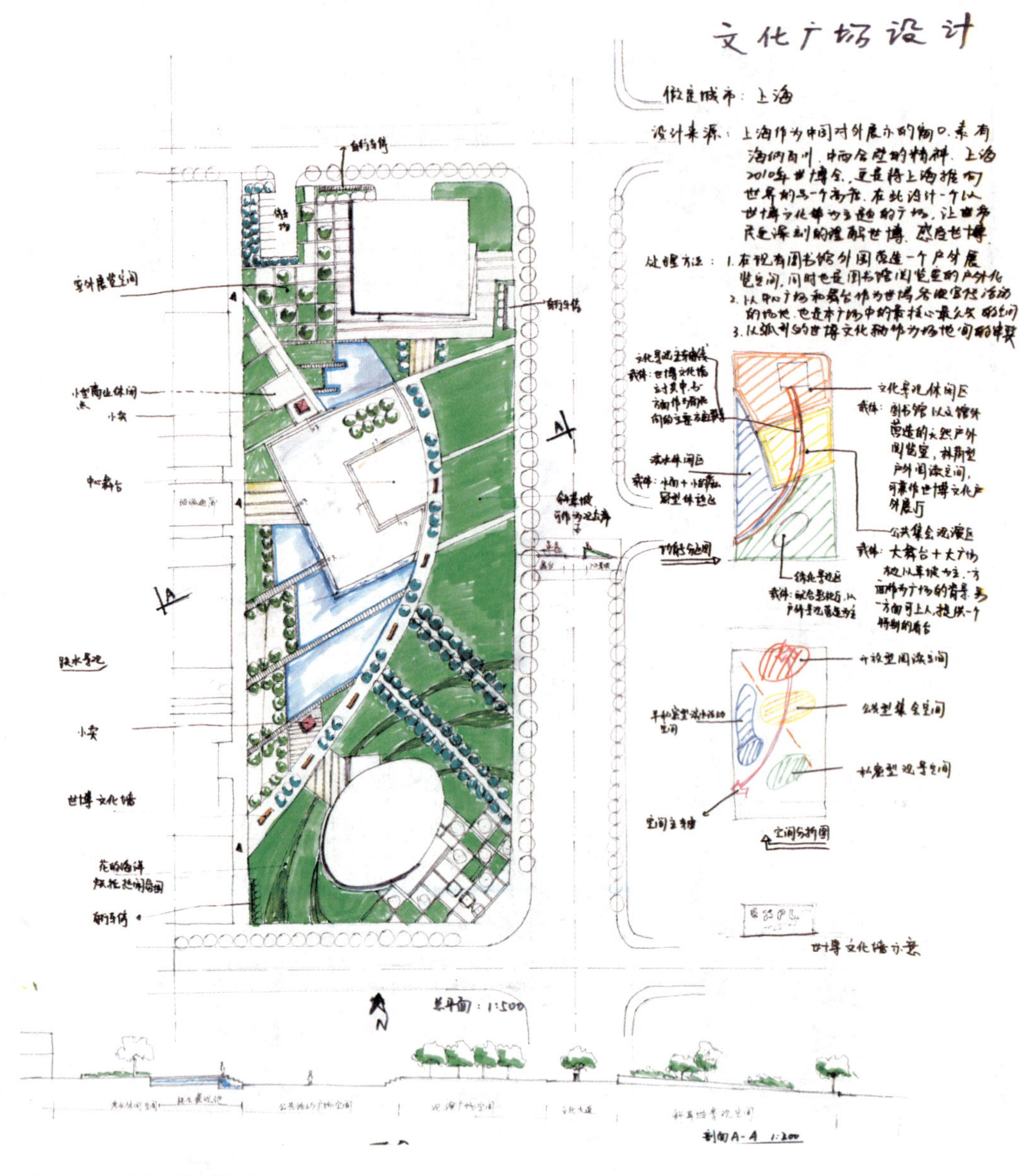

图 5-20　景观快题试卷二

5.3 城市公园景观设计快题

5.3.1 景观设计快题题目

图中填充范围为某城市公园，毗邻城市商业副中心东侧。公园范围以周边道路为界，南侧为城市主干道，其余为城市支路。基地现状北侧有两栋历史保护建筑，为近代影像制品公司，设计时需要保留；东南侧为原有工厂遗留下来的烟囱，可根据设计需要仔细选择保留与否。

设计要求：

①根据所提供基地数据，在 A1 硫酸纸中选择 1 ∶ 500 放大完成设计。

②完成总平面及至少一个剖面和一个主要节点的透视图或整体鸟瞰图。

③其他对设计方案辅助说明的图纸自定。

④快题时间总计 3 小时。

⑤周边用地性质如图 5-21 右下角所示。

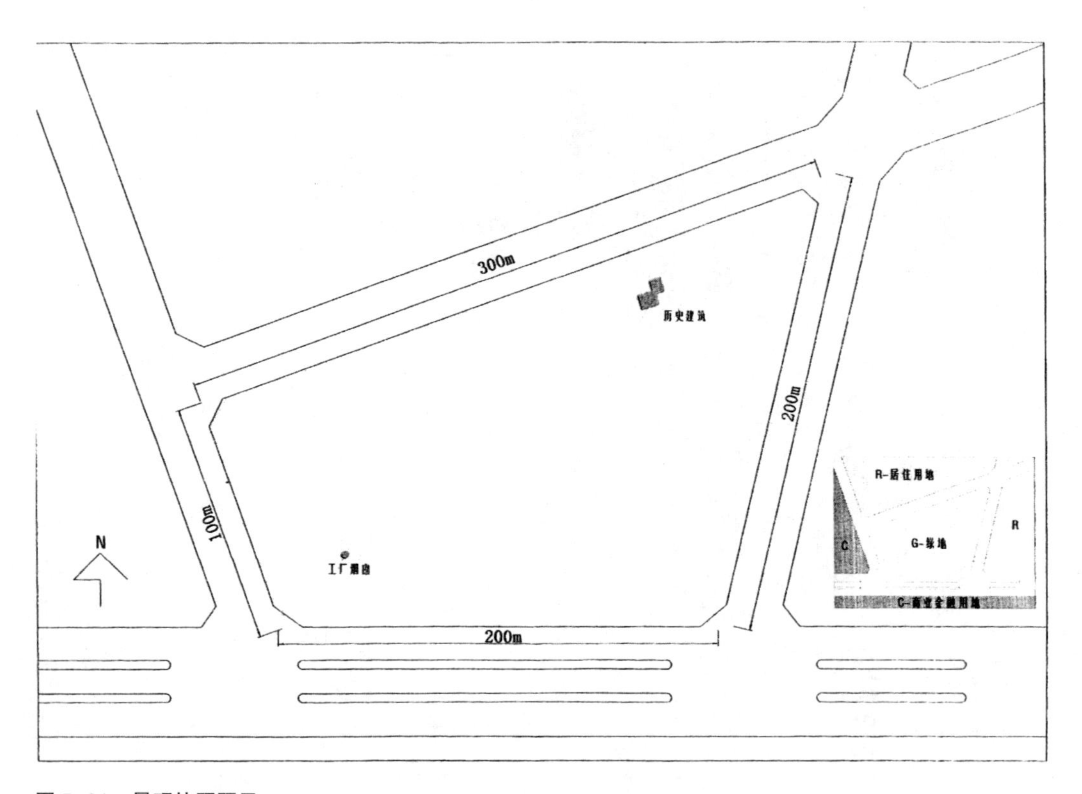

图 5-21　景观快题题目

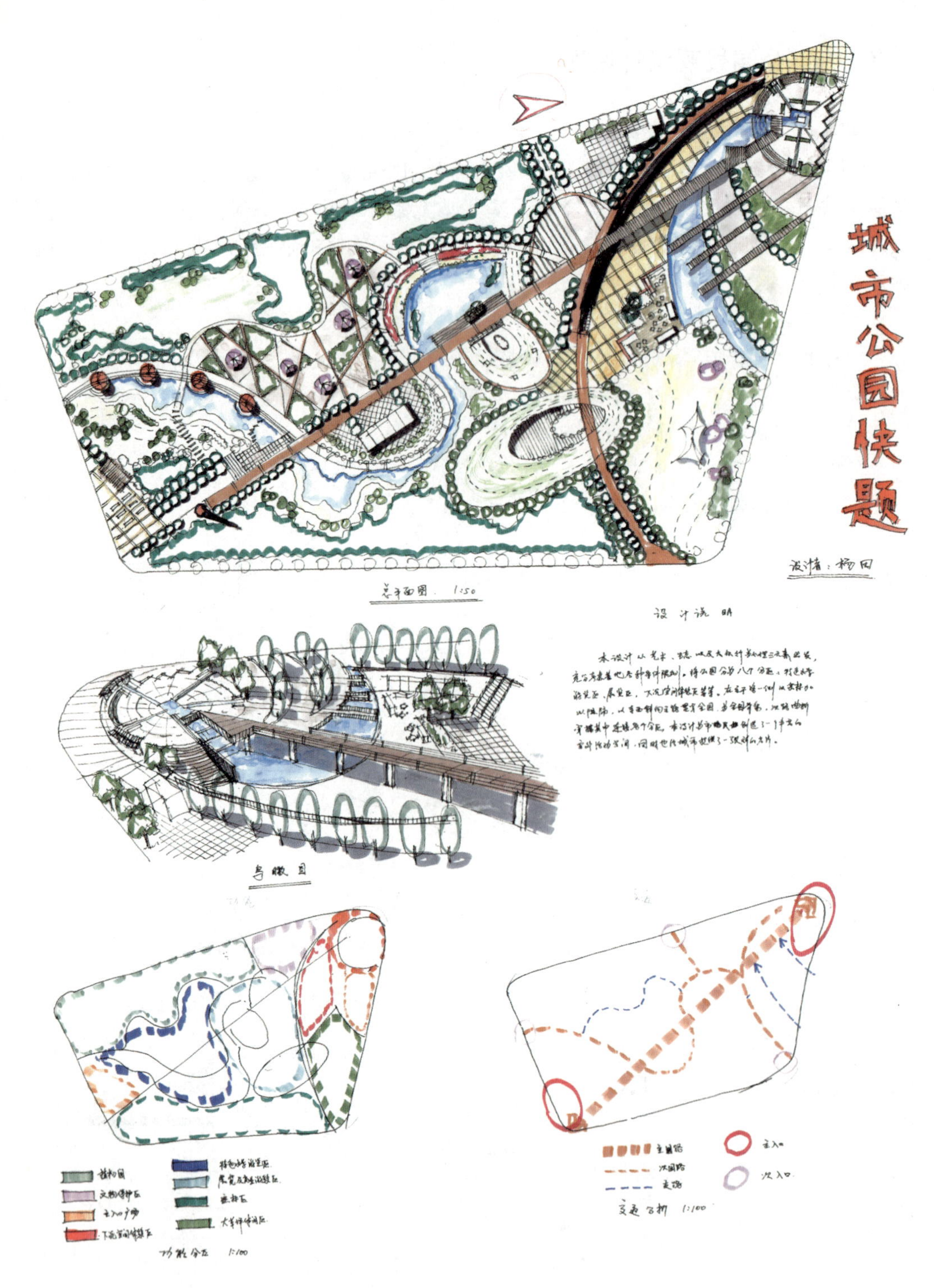

图 5-22 景观快题试卷一

5.3.2　景观设计快题试卷

（1）试卷一：75 分（图 5-22）

该方案功能分区明确，轴线设计突出，构筑了地面两层游览体系，交通组织流畅，整个图面西部丰富。但设计主题不明晰，保留下来的历史构筑物与设计结合不紧密，未能充分利用。

（2）试卷二：72 分（图 5-23）

该方案功能与游览路线组织明确，景观类型与结点设置简洁清晰，出入口组织合理，对历史构筑物进行了合理利用。但图面表达手法过于单一随意，内容较少，缺乏图例说明。

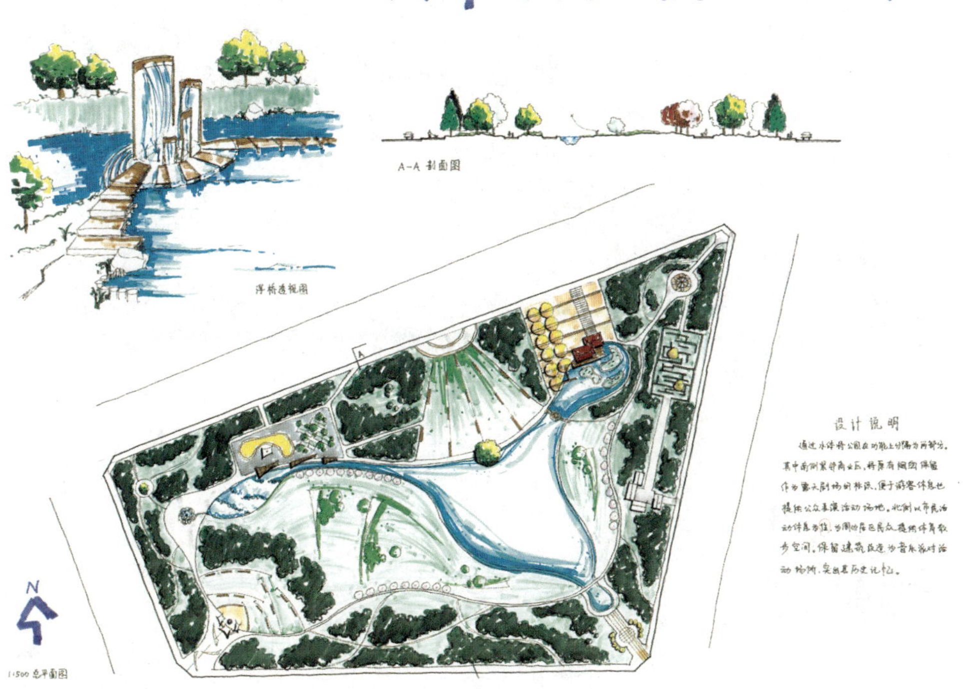

图 5-23　景观快题试卷二

（3）试卷三：60 分（图 5-24）

该方案设计主题鲜明，功能分区明确，详细考虑了体育活动场地和停车安排。但活动和游览流线不清晰，东北角广场尺度过大，绿化景观设计过于简单，表达欠佳。

图 5–24 景观快题试卷三

附录：全国部分甲级规划编制单位名单及网站地址

（排名不分先后）

1. 中国城市规划设计研究院：www.caupd.com
2. 中国建筑设计研究院：www.cadreg.com.cn
3. 北京市城市规划设计研究院：www.bjghy.com.cn
4. 北京清华城市规划设计研究院 www.thupdi.com
5. 北京土人景观与建筑规划设计研究院：www.turenscape.com
6. 上海同济城市规划设计研究院：www.tjupdi.com
7. 上海市城市规划设计研究院：www.supdri.com
8. 上海复旦规划建筑设计研究院：www.fudandesign.com
9. 上海市浦东新区规划设计研究院：www.pupdi.com
10. 上海现代建筑设计（集团）有限公司：www.xd-ad.com.cn
11. 天津市城市规划设计研究院：www.tjcityplan.com
12. 山西省城乡规划设计研究院：www.sxcxgh.cn
13. 太原市城市规划设计研究院：www.tyghy.com
14. 内蒙古城市规划市政设计研究院：www.nmghy.com
15. 呼和浩特市城市规划设计院：www.hsghj.com
16. 包头市规划设计研究院
17. 辽宁省城乡规划设计研究院
18. 沈阳市规划设计研究院：www.syup1960.com
19. 大连市城市规划设计研究院：www.dlpdi.com
20. 吉林省城乡规划设计研究院
21. 吉林市城乡规划设计研究院
22. 长春市城乡规划设计研究院
23. 黑龙江省城市规划勘测设计研究院：www.hcgy.com.cn
24. 哈尔滨市城市规划设计研究院：www.hrbghy.com
25. 江苏省城市规划设计研究院：www.jupchina.com
26. 苏州市规划设计研究院有限责任公司：www.jszx.org.cn
27. 浙江省城乡规划设计研究院：www.zjplan.com
28. 南京市规划设计研究院有限责任公司 www.naupd.com
29. 杭州市城市规划设计研究院
30. 安徽省城乡规划设计研究院：www.21-cic.com
31. 合肥市规划设计研究院：www.hupdi.com
32. 福建省城乡规划设计研究院
33. 福州市规划设计研究院：www.fzghy.com
34. 厦门市城市规划设计研究院
35. 江西省城乡规划设计研究院

36. 南昌市城市规划设计研究总院
37. 山东省城乡规划设计研究院：www.sdghy.com
38. 济南市规划设计研究院
39. 威海市规划设计研究院有限公司：www.whguihua.com
40. 青岛市城市规划设计研究院：www.qdghy.com
41. 烟台市规划设计研究院有限公司
42. 河南省城市规划设计研究院有限公司：hnghsjy.hnjs.gov.cn
43. 郑州市规划勘测设计研究院：zzghy.hnjs.gov.cn
44. 洛阳规划建筑设计有限公司：lyghsj.hnjs.gov.cn
45. 湖北省城市规划设计研究院
46. 华中科大城市规划设计研究院：www.adri-hust.com
47. 武汉市城市规划设计研究院：
48. 湖南省城市规划研究设计院：www.hnadi.com.cn
49. 长沙市规划设计院有限责任公司
50. 广东省城乡规划设计研究院：www.gdupi.com
51. 珠海市规划设计研究院：www.zhghy.com
52. 深圳大学城市规划设计研究院：www.upr.cn
53. 华南理工大学规划设计研究院
54. 深圳市城市规划设计研究院：www.upr.cn
55. 深圳市城市空间规划设计有限公司 www.urbanspace.net.cn
56. 广东省建科建筑设计院：www.gdjky.com
57. 汕头市城市规划设计研究院：www.stghy.com
58. 广州市城市勘测设计研究院 www.gzpi.com.cn
59. 广西壮族自治区城乡规划设计院：www.gxupdi.com
60. 南宁市城市规划设计院
61. 海口市城市规划设计研究院
62. 四川省城乡规划设计研究院：www.sciup.com
63. 成都市规划设计研究院：www.cdipd.com
64. 重庆市规划设计研究院：www.cqghy.com.cn
65. 云南省城乡规划设计研究院：www.yncityplan.com
66. 贵州省城乡规划设计研究院：www.gzrc.gov.cn
67. 贵阳市城市规划设计研究院
68. 昆明市规划设计研究院
69. 陕西省城乡规划设计研究院
70. 西安市规划设计研究院：www.xaguihua.com
71. 甘肃省城乡规划设计研究院：www.gansuplan.com.cn
72. 兰州市规划设计研究院；lzgh.net.cn
73. 新疆城乡规划设计研究院有限公司：www.urpdr.com
74. 乌鲁木齐市城市规划设计研究院：www.cityplanweb.cn

参编人员简介

王　颖

1971 年 8 月生于西安。获同济大学城市规划专业学士、硕士和博士学位。2002~2003 年受德意志学术交流基金 DAAD 奖学金的资助，在德国柏林工业大学作博士后访问研究。目前在上海同济城市规划设计研究院任职，任规划设计一所所长，院长助理、国家注册城市规划师。

主要研究领域为社区规划、城市社会学等。曾在城市规划核心期刊上发表十多篇专业论文。曾获 1999 年全国青年城市规划论文竞赛二等奖。大连旅顺水师营地区城市设计获得 2007 年辽宁省优秀规划项目一等奖。都江堰城镇体系规划获得 2009 年上海市城乡优秀规划项目一等奖。

张　瑜

1983 年 4 月生于辽宁鞍山。获黑龙江科技大学城市规划专业学士。目前在上海同济城市规划设计研究院任城市规划师，参与汉中市城市总体规划等项目。

刘婷婷

1981 年 10 月生于湖北襄樊。获同济大学城市规划专业学士和硕士学位。目前在上海同济城市规划设计研究院任副主任规划师，负责的得奖项目有都江堰市域城镇体系规划（2008~2020）、普兰店市湾底新区及启动区概念规划，发表过两篇文章："智力密集地区人力资源与城市功能和空间的互动关系研究——以上海市杨浦区为例"和"应对上海老龄化趋势，优化居家养老方式——'居家养老'环境改善的对策研究"。

封海波

1975 年 7 月生于四川乐山。获同济大学城市规划专业学士和硕士学位。目前在上海同济城市规划设计研究院规划设计一所总工、主任规划师，国家注册城市规划师，参与或负责过大连西部地区总体规划、鄂尔多斯城市总体规划、汉中市城市总体规划等项目，曾在《理想空间》和《城市规划汇刊》发表过文章"面向区域生态保护与城镇发展共赢的规划策略"、"城市规划中的文化现象透析"、"根植于文化属性的工业园区规划"等。

郁海文

1978 年 2 月生于上海。获同济大学城市规划专业学士和硕士学位。目前在上海同济城市规划设计研究院规划设计一所任主任规划师、所长助理，参与或负责过主要项目包括：大连旅顺新区（水师营）城市设计、大连市西部地区总体规划（2005~2020）、肇庆市高新区大旺园区中心服务区控制性详细规划及城市设计、福州市罗源湾综合产业开发基地起步区控制性详细规划、鄂尔多斯市城市总体规划（2008~2020）等，其中大连旅顺新区（水师营）城市设计获得辽宁省城乡规划设计一等奖，在城市规划学刊、理想空间等国内重要杂志发表过五篇文章。

程相炜

1980年生于河北省深州市。获河北工业大学城市规划专业学士学位。目前在上海同济城市规划设计研究院规划设计一所任副主任规划师。

杨笑予

1980年3月生于上海。获同济大学城市规划专业学士学位。目前在上海同济城市规划设计研究院在规划设计一所任主任规划师。

付丽娜

1981年7月生于哈尔滨。获哈尔滨工业大学城市规划专业学士学位和硕士学位。目前在上海同济城市规划设计研究院规划设计一所任副主任规划师，曾在《理想空间》发表文章〝城市规划与建筑设计的完美结合——万安行政中心规划设计〞。

彭军庆

1983年09月生于江西新余。获河北工程大学城市规划专业学士学位。目前在上海同济城市规划设计研究院规划设计一所任城市规划师，参与过鄂尔多斯城市总体规划、汉中市城市总体规划等项目。

潘　鑫

1982年11月生于山东费县。获华东师范大学硕士学位。目前在上海同济城市规划设计研究院规划设计一所任副主任规划师，曾在《人文地理》、《城市规划学刊》、《城市问题》等杂志发表过5篇文章。